"十四五"职业教育国家规划教材

AutoCAD 家具制图技巧与实例

（第二版）

张付花　主　编

杨　煜　刘　谊　副主编

张　琦　陈慧敏　王艳福　徐志威　曹永宏　参　编

U0241895

中国轻工业出版社

图书在版编目（CIP）数据

AutoCAD家具制图技巧与实例/张付花主编 . —2版 . —北京：中国轻工业出版社，2024.1

全国高职高专家具设计与制造专业"十三五"规划教材

ISBN 978-7-5184-2483-2

Ⅰ.①A⋯ Ⅱ.①张⋯ Ⅲ.①家具—计算机辅助设计—应用软件—高等职业教育—教材 Ⅳ.①TS664.01

中国版本图书馆CIP数据核字（2019）第129666号

责任编辑：陈　萍
策划编辑：陈　萍　　责任终审：劳国强　　封面设计：锋尚设计
版式设计：砚祥志远　　责任校对：宋绿叶　　责任监印：张　可

出版发行：中国轻工业出版社（北京鲁谷东街5号，邮编：100040）
印　　刷：三河市国英印务有限公司
经　　销：各地新华书店
版　　次：2024年1月第2版第4次印刷
开　　本：787×1092　1/16　印张：18.75
字　　数：460千字
书　　号：ISBN 978-7-5184-2483-2　　定价：49.80元
邮购电话：010-85119873
发行电话：010-85119832　010-85119912
网　　址：http://www.chlip.com.cn
Email：club@ chlip.com.cn
如发现图书残缺请与我社邮购联系调换
232188J2C204ZBW

出 版 说 明

    本系列教材在秉承以就业为导向、技术为核心的职业教育定位基础上，结合家具设计与制造专业的现状与需求，将理论知识与实践技术很好地相结合，以达到学以致用的目的。教材采用实训、理论相结合的编写模式，两者相辅相成。

    该套教材由中国轻工业出版社组织，集合国内示范院校以及骨干院校的优秀教师参与编写。本系列教材分别有《家具涂料与实用涂装技术》《家具胶黏剂实用技术与应用》《木工机械调试与操作》《家具质量管理与检测》《家具制图》（第二版）《AutoCAD 家具制图技巧与实例》（第二版）《家具招标投标与标书制作》《家具产品设计手绘技法》《实木家具制造技术》《板式家具制造技术》《家具材料的选择与运用》《板式家具设计》《家具结构设计》《家具计算机效果图制作》《家居软装设计技巧》《3DSMAX 家具建模基础与高级案例详解》。

    本系列教材具有以下特点：

    1. 本系列教材从设计、制造、营销等方面着手，每个环节均有针对性，涵盖面广泛，是一套真正完备的套系教材。

    2. 教材编写模式突破传统，将实训与理论同时放到讲堂，给了学生更多的动手机会，第一时间将所学理论与实践相结合，增强直观认识，达到活学活用的效果。

    3. 参编老师来自国内示范院校和骨干院校，在家具设计与制造专业教学方面有丰富的经验，也具有代表性，所编教材具有示范性和普适性。

    4. 教材内容增加了模型、图片和案例的使用，同时，为了适应多媒体教学的需要，尽可能配有教学视频、课件等电子资源，具有更强的可视性，使教材更加立体化、直观化。

    这套教材是各位专家多年教学经验的结晶，编写模式、内容选择者得到了突破，有利于促进高职高专家具设计与制造专业的发展以及师资力量的培养，更可贵的是为学生提供了适合的优秀教材，有利于更好地培养现时代需要的高技能人才。由于教材编写工作是一项繁复的工作，要求较高，本教材的疏漏之处还请行业专家不吝赐教，以便进一步提高。

前　言

为响应党中央实施科教兴国战略，强化现代化建设人才支撑，全面贯彻为党育人、为国育人的初心使命。满足计算机辅助设计相关课程建设需要，全面提高家具设计与制造及相关专业人才培养质量。经过广泛调研，本教材注重实践，以"基于岗位工作过程"组织编写。

本教材以 AutoCAD 2019 版本进行示范操作，在 2014 年 9 月出版的《AutoCAD 家具制图技巧与实例》的基础上，进行修订和完善。《AutoCAD 家具制图技巧与实例》自发行以来印刷多次，得到了读者的高度认可。

与第一版相比，《AutoCAD 家具制图技巧与实例》（第二版）以目前最新版本 Auto-CAD 2019 为操作平台，增加 AutoCAD 新版本的命令，丰富了家具案例。

本教材紧扣家具设计与制造专业培养目标，围绕家具设计、生产相关岗位的实际需求，以家具设计、生产工艺文件为主线，以家具企业真实案例为主要内容，讲述 AutoCAD 在家具设计生产中的实际运用和操作技巧。

本书内容分为基础理论篇、实战演练篇和经典案例篇。结合实际案例，系统介绍 Auto-CAD 基础知识以及家具制图的相关规范及标准，针对餐厅家具、卧室家具、客厅家具典型案例进行细致解说，分析了每一步具体的操作步骤，同时，讲解了三维家具图形的绘制及图纸的打印与输出，分享了企业的经典案例。

本教材在引导学生学习知识、获取理论、掌握技能的同时，更加注重综合素质的培养和提升。明确每个模块的知识目标、技能目标、素质目标，更加注重高技能人才培养过程中学生吃苦耐劳、团结协作、勇于创新、精益求精的职业道德修养和科学严谨的标准意识、规范意识、责任意识。引导学生培养工匠精神、遵守职业道德，自觉保护图纸信息安全。通过分析课程内容的学习重点和难点，让授课教师和学生能够清晰明确地进行 Auto-CAD 课程的授课和学习。教材还针对重点、难点问题结合具体案例进行了视频讲解，读者可在相应位置扫码观看。

本教材编写力求做到理论有度，够用就好。简单讲述 AutoCAD 2019 绘图基础、家具制图规范等理论知识内容，更加注重设计生产中的实际运用，主要针对初入家具行业、还不能熟练应用 AutoCAD 软件或具备一定理论水平但实际工作经验缺乏的人员。

本教材既有系统针对性，又具有实用性。内容由浅入深，难度适中，主要作为高等职业院校家具设计与制造专业教材和家具制图员、家具设计师的实用书籍。

本书共计 46 万字，由江西环境工程职业学院张付花同志主编，进行大纲、样章制定及统稿，并负责基础理论篇、餐厅家具项目一、附录的编写，合计 10 万字；卧室家具项目一至项目三由辽宁生态工程职业学院杨煜同志负责编写，合计 7 万字；餐厅家具项目二、项目三由湖北生态工程职业技术学院刘谊同志负责编写，合计 7 万字；客厅家具项目一由辽宁生态工程职业学院张琦同志负责编写，合计 5 万字；卧室家具项目四、项目五由江苏农林职业技术学院陈慧敏同志编写，合计5万字；客厅家具项目三由黑龙江林业职业技术学院王艳福同志编写，合计5万字；模块四及经典案例篇由江西环境工程职业学院徐志威同志编写，合计5万字；客厅家具项目二由亚振家居股份有限公司曹永宏同志编写，合计2万字。教材中，视频讲解案例由江西环境工程职业学院张付花、徐志威录制。所有案例及图纸可扫描二维码获取，若扫码失败请使用浏览器或其他应用重新扫码，也可登录网址http：//www.chlip.com.cn/qrcode/181438J2X201ZBW/案例.zip进行下载。

　　教材中引用案例均为家具企业生产实践案例，分别由亚振家居股份有限公司高级定制事业部总经理曹永宏同志、青岛一木集团马良健同志、佛山市玺木空间家具有限公司赖金富同志提供。江西环境工程职业学院家具设计与制造专业0271611班肖文华同学参与了书稿的整理，在此一并表示衷心感谢。

　　由于编者水平有限，疏漏在所难免，不足之处，敬请各位专业人士批评指正，以便在教学实践中或下一版中改进。

张付花

目 录

基础理论篇

知识目标： 1. 认识、了解 AutoCAD 软件基础知识。

          2. 掌握基本线、圆弧等各种二维图形绘制命令和编辑命令。

          3. 掌握文本注释、尺寸标注的设置方法和操作命令。

          4. 掌握 AutoCAD 家具制图的相关规范，掌握《GB/T 14689—2008 技术制图图纸幅面和格式》和《QB/T 1338—2012 家具制图》等相关标准的具体内容。

技能目标： 1. 能够阅读、分析各类家具生产加工工艺图纸。

          2. 能够熟练应用常用的绘图和编辑命令，并熟记快捷键。

          3. 能够按照要求绘制出任意的二维图形。

          4. 能够对绘制的二维图形进行文字注释和尺寸标注。

素质目标： 1. 能够通过各种媒体资源查找所需信息，能够自主学习新知识、新技术。具有运用所学知识解决实际问题的能力。

          2. 具备较强的学习能力，能够运用正确的方法掌握 AutoCAD 软件相关知识和操作技能，不断地更新、完善知识储备，并及时根据市场变化及岗位需求升级自己的技能水平。

          3. 具备吃苦耐劳、团结协作、勇于创新的职业精神和精益求精、专心细致、一丝不苟的职业态度。

          4. 具有较强的标准意识和规范意识。

重　　点： 二维图形的绘制与编辑。

难　　点： 快捷命令的使用。

模块一　初识 AutoCAD 2019

本模块任务涉及的快捷键见表 1-1-1。

表 1-1-1　　　　　　　　　　　　　本模块涉及的快捷命令

序号	命令说明	快捷键	序号	命令说明	快捷键
1	新建	CTRL+N	7	选项	OP
2	打开	CTRL+O	8	图层	LA
3	保存	CTRL+S	9	后退	U
4	另存为	CTRL+Shift+S	10	实时平移	P
5	图形界限	LIM	11	实时缩放	Z+［　］
6	单位设置	UN	12	窗口缩放	Z+W

什么是 AutoCAD？

AutoCAD 是由美国 Autodesk 公司开发的通用计算机辅助绘图与设计软件包，具有易于掌握、使用方便、体系结构开放等特点，深受广大工程技术人员的欢迎。如今，AutoCAD 已被广泛应用于机械、建筑、电子、航天、造船、石油化工、土木工程、冶金、农业、气象、纺织、轻工业等领域。在中国，AutoCAD 已成为工程设计领域中应用广泛的计算机辅助设计软件之一。

AutoCAD 2019 软件介绍

AutoCAD 2019 是由 Autodesk 官方最新发布的 AutoCAD 版本。可用于二维绘图、详细绘制、设计文档和基本三维设计。借助 Autodesk AutoCAD 绘图程序软件您可以准确地和客户共享设计数据，也可以体验本地 DWG 格式所带来的强大优势。

AutoCAD 2019 新增了不少实用功能及优化，例如新版图标全新设计，视觉效果更清晰；在功能方面，全新的共享视图功能、DWG 文件比较功能，打开及保存图形文件已经实现了跨设备访问；此外，AutoCAD 2019 修复了很多潜在的安全漏洞，是一款非常好用且功能强大的制图软件。

任务一　AutoCAD 2019 工作界面

学习目标： 1. 初步认识 AutoCAD 2019 软件。

2. 了解 AutoCAD 2019 版本的新增功能。

3. 认识、了解 AutoCAD 2019 软件的工作界面。

相关理论： 1. AutoCAD 软件标题栏、菜单栏、工具栏、绘图窗口、命令窗口、状态

3

栏、菜单浏览器的相关知识。

  2. AutoCAD 绘图前的准备工作和相关设置。

必备技能： 掌握 AutoCAD 绘图前的准备工作。

素质目标： 具有较好的表现能力、聆听能力、设计表达能力。

  AutoCAD 2019 的安装方式如图 1-1-1 所示。成功安装 AutoCAD 2019 后，系统会在桌面创建 AutoCAD 2019 的快捷启动图标，并在程序文件夹中创建 AutoCAD 程序组，用户可以双击快捷图标启动 AutoCAD。

图 1-1-1 AutoCAD 2019 安装界面

  启动 AutoCAD 后，单击"开始绘制"按钮可开始绘制新图形，如图 1-1-2 所示。在绘图区域的顶部有一个标准选项卡式功能区，可以从"常用"选项卡访问本手册中出现的几乎所有的命令。此外，下面显示的"快速访问"工具栏包括熟悉的命令，如"新建""打开""保存""打印"和"放弃"。

什么是工作界面？

  工作界面也称工作窗口，是用户设计工作区，包括用于设计和接收信息的基本组件。如图 1-1-3 所示就是 AutoCAD 的工作界面。

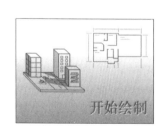

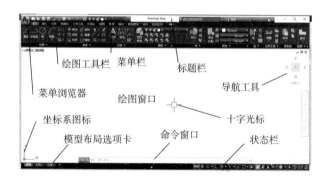

图 1-1-2 "开始绘制"按钮   图 1-1-3 AutoCAD 2019 工作界面

（一）标题栏

标题栏与其他 Windows 应用程序类似，用于显示 AutoCAD 2019 的程序图标以及当前所操作图形文件的名称。

（二）菜单栏及工具栏

菜单栏是主菜单，可利用其执行 AutoCAD 的大部分命令。单击菜单栏中的某一项，会弹出相应的工具条。AutoCAD 2019 设置了默认、插入、注释、三维工具等 12 个菜单，每个菜单下对应相关工具条。

如图 1-1-4 所示为"默认"下拉菜单。默认菜单下包含绘图、修改、注释、图层、块、特性等工具条，工具条下方有小三角的菜单项，表示它还有子菜单。

图 1-1-4　AutoCAD 2019 "默认" 菜单

AutoCAD 用户可以根据需要打开或关闭任意一个工具栏。方法是：在已有工具栏上右击，AutoCAD 弹出工具栏快捷菜单，通过其可实现工具栏的打开与关闭。

（三）绘图窗口

绘图窗口类似于手工绘图时的图纸，是用户使用 AutoCAD 2019 绘图并显示所绘图形的区域。

（1）当光标位于 AutoCAD 的绘图窗口时为十字形状，所以又称其为十字光标。十字线的交点为光标的当前位置。AutoCAD 的光标用于绘图、选择对象等操作。

（2）坐标系图标通常位于绘图窗口的左下角，表示当前绘图所使用的坐标系的形式以及坐标方向等。AutoCAD 提供世界坐标系（WCS）和用户坐标系（UCS）两种坐标系，世界坐标系为默认坐标系。

（3）模型/布局选项卡用于实现模型空间与图纸空间的切换。通常情况下，先在模型空间创建和设计图形，然后创建布局以绘制和打印图纸空间中的图形。

（四）命令窗口

命令窗口是 AutoCAD 显示用户从键盘键入的命令和显示 AutoCAD 提示信息的地方。默认时，AutoCAD 在命令窗口保留最后三行所执行的命令或提示信息。用户可以通过拖动窗口边框的方式改变命令窗口的大小，使其显示多于或少于三行的信息。

（五）状态栏

状态栏用于显示或设置当前的绘图状态。状态栏上位于左侧的一组数字反映当前光标的坐标，其余按钮从左到右分别表示当前是否启用了捕捉模式、栅格显示、正交模式、极轴追踪、对象捕捉、对象捕捉追踪、动态 UCS（用鼠标左键双击，可打开或关闭）、动态输入等功能以及是否显示线宽、当前的绘图空间等信息。

（六）菜单浏览器

单击菜单浏览器，AutoCAD 会将浏览器展开，如图 1-1-5 所示。用户可通过菜单浏览器执行相应的操作。

任务二　图形文件管理

学习目标：掌握图形管理知识。

相关理论：图形文件的创建、打开、保存、另存为及退出的相关操作。

必备技能：学会图形文件管理的基本操作。

素质目标：具备优良的职业道德修养，能遵守职业道德规范，能自觉保护图纸信息安全。

AutoCAD 2019 提供了二维绘图和三维建模两种绘图环境，有多种样板供用户选择使用，用户可以根据实际工作需要选择样板。

（一）创建新的图形文件

启动 AutoCAD 后，单击"开始绘制"按钮可开始绘制新图形，如图 1-1-6 所示。

 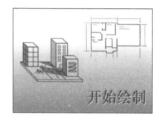

图 1-1-5　菜单浏览器　　　　　图 1-1-6　开始绘制

除此之外，可以通过下列方式创建新的图形文件：

（1）在菜单栏中选择"文件">"新建"命令。

（2）单击菜单浏览器，选择"新建">"图形"命令。

（3）单击标准工具栏中的"新建"按钮。

（4）在命令行键入 New，按回车键或直接输入快捷键组合 Ctrl+N。

执行以上创建命令后，系统将打开如图 1-1-7 所示的"选择样板"对话框，从文件列表中选择所需的样板，然后单击"打开"按钮，即可创建一个基于该样板的新图形文件。

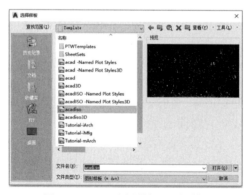

图 1-1-7　"选择样板"对话框

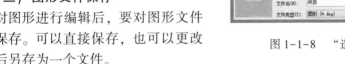

点石成金

创建新的图形文件快捷键"Ctrl+N"。

通过"选择样板"对话框选择对应的样板后（初学者一般选择样板文件 acadiso. dwt 即可），单击"打开"按钮，就会以对应的样板为模板建立新图形。

（二）打开已有的图形文件

启动 AutoCAD 后，可以通过下列方式打开已有的图形文件：

（1）在菜单栏中选择"文件">"打开"命令。

（2）单击菜单浏览器，选择"打开">"图形"命令。

（3）单击标准工具栏中的"打开"按钮。

（4）在命令行中键入 Open，按回车键或直接输入快捷键组合"Ctrl+O"。

执行以上打开命令后，系统会打开如图 1-1-8 所示的"选择文件"对话框。在该对话框的"查找范围"下拉列表中选择要打开的图形所在的文件夹，选择图形文件，然后单击"打开"按钮，即可打开该图形文件，或者双击文件名打开图形文件。

图 1-1-8 "选择文件"对话框

（三）图形文件保存

对图形进行编辑后，要对图形文件进行保存。可以直接保存，也可以更改名称后另存为一个文件。

1. 保存新建的图形

可以通过下列方式保存新建的图形文件：

（1）单击菜单浏览器，选择保存命令。

（2）单击标准工具栏中的"保存"按钮。

（3）在命令行键入 Save，按回车键或直接输入快捷键组合"Ctrl+S"。

图 1-1-9 "图形另存为"对话框

执行以上保存命令后，系统将打开如图 1-1-9 所示的"图形另存为"对话框，在"保存于"下拉列表中指定文件保存的文件夹，在"文件名"文本框中输入图形文件的名称，在"文件类型"下拉列表中选择文件的类型，然后单击"保存"按钮即可，一般建议选择较低的版本进行保存。

2. 图形换名保存

对于已保存的图形，可以更改名称保存为另一个图形文件。先打开该图形文件，然后通过下列方式换名保存：

（1）在菜单栏中选择"文件" > "另存为"命令。

（2）单击菜单浏览器，选择"另存为"命令。

（3）在命令行键入 Save，按回车键或直接输入快捷键组合"Ctrl+Shift+S"。

执行以上另存为命令后，系统同样将打开如图 1-1-9 所示的"图形另存为"对话框，设置需要的名称及其他选项后保存即可。

（四）退出 AutoCAD

操作结束后，可以通过以下方式退出 AutoCAD：

（1）在菜单栏中选择"文件" > "退出"命令。

（2）单击菜单浏览器，选择"退出 AutoCAD"命令。

（3）单击标题栏中"关闭"按钮。

（4）在命令行键入 Quit 或 Exit，按回车键。

如果图形文件已经被修改，系统将会弹出如图 1-1-10 所示的提示框。

图 1-1-10 改动提示框

任务三 绘图基本设置与操作

学习目标：掌握绘图的基本设置和操作方法。

相关理论：模型空间、图纸空间、图形界限、单位和角度的设置、坐标系、坐标输入、背景颜色、拾取框和十字光标、图层、图层的缩放和平移等相关知识。

必备技能：学会绘图的基本设置和操作。

素质目标：培养学生理论联系实际、实事求是的工作作风和科学严谨的工作态度。

通常情况下，AutoCAD 运行之后就可以在其默认环境下绘制图形，但是为了规范绘图，提高绘图的工作效率，用户不但应熟悉命令、系统变量、坐标系统、绘图方法，还应掌握图形界限、绘图单位格式、图层特性等绘制图形的环境设置。而这些设置已成为设计人员在绘图之前必不可少的绘图环境预设。

绘图环境是指影响绘图的选项和设置，一般在绘制新图形之前要配置好。合理设置绘图环境，是能够准确、快速绘制图形的基本条件和保障。要想提高绘图速度和质量，必须配置一个合理、适合自己工作习惯的绘图环境及相应参数。

在学习后面知识之前，我们必须先了解几个基本概念，"坐标系""模型空间""图纸空间""图层"和"图形界限"，在以后的操作中会经常用到这几个名词。

（一）模型空间和图纸空间

AutoCAD 窗口提供两种并行的工作环境，即"模型"选项卡和"布局"选项卡。可以理解为："模型"选项卡就处于模型空间下，"布局"选项卡就处于图纸空间下。

运行 AutoCAD 软件后，默认情况下，图形窗口底部有一个"模型"选项卡和两个"布局"选项卡，如图 1-1-11 所示。

一般默认状态是模型空间，如果需要转换到图纸空间，只需要点击相应的布局选项卡即可。通过点击

模型 布局1 布局2

图 1-1-11 "模型"选项卡和两个"布局"选项卡

选项卡可以方便实现模型空间和图纸空间的切换。

1. 模型空间

模型空间就是平常绘制图形的区域，它具有无限大的图形区域，就好像一张被无限放大的绘图纸，我们可以按照 1 : 1 的比例绘制主要图形，也可以采用大比例来绘制图形的局部详图。

2. 图纸空间

在图纸空间内，可以布置模型选项卡上绘制平面图形或者三维图形的多个"快照"，即"视口"。并调用 AutoCAD 自带的所有尺寸图纸和已有的各种图框。一个布局就代表一张虚拟的图纸，这个布局环境就是图纸空间，如图 1-1-12 所示。

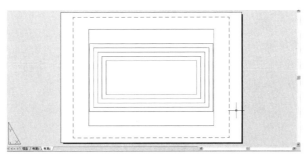

图 1-1-12　图纸空间

在布局空间中还可以创建并放置多个"视口"，也可以另外再添加标注、标题栏或者其他几何图形。通过视口来显示模型空间下绘制的图形，每个视口都可以指定比例显示模型空间的图形。

点石成金

什么是科学的制图步骤？

（1）在"模型"选项卡中创建图形。

（2）配置打印设备。

（3）创建布局选项卡。

（4）设置布局页面，如打印设备、图纸尺寸、打印区域、打印比例和图纸方向等。

（5）将标题栏插入布局之中。

（6）创建布局视口并将其置于布局中。

（7）设置布局视口的视图比例。

（8）根据需要，在布局中添加标注、注释或者几何图形。

（9）打印布局。

在实际的家具设计图纸的绘制过程中，在不涉及三维制图、三维标注和出图的情况下，不需要打印多个视口，创建和编辑图形的大部分工作都是在模型空间中完成的，而且可以从"模型"选项卡中直接打印出图。

（二）图形界限

"图形界限"可以理解为模型空间中一个看不见的矩形框，在 XY 平面内表示能够绘图的区域范围。但值得注意的是图形不能够在 Z 轴方向上定义界限。

一般通过以下方法调用"图形界限"命令：

（1）单击"格式">"图形界限"命令。

（2）在命令行直接输入"limits"命令。

运行命令后，命令行提示：

指定左下角点或［开（ON）/关（OFF）］<0.0000，0.0000>：（指定图形界限的左下角位置，直接按 Enter 键或 Space 键采用默认值）

指定右上角点：（指定图形界限的右上角位置），例如设置 30m×20m 的空间，就在命令提示行输入（30000，20000）。

按空格或回车即可结束设置。

（三）设置单位和角度

在 AutoCAD 中，我们可以按照 1∶1 的比例绘制主要图形，因此就需要我们在绘制图形之前选择正确的单位。一般习惯使用公制，在室内与家具行业，一般要精确到 1mm。

在 AutoCAD 2019 中，设置单位格式与精度的步骤如下：

单击"格式">"单位"命令，或者执行 UN 快捷命令：

AutoCAD 弹出"图形单位"对话框，可以用来设置绘图的长度单位、角度单位以及单位的格式和精度，如图 1-1-13 所示。对话框中，"长度"选项组确定长度单位与精度，家具设计中，我们一般选择小数，精度为 0；"角度"选项组确定角度单位与精度以及方向。

图 1-1-13　"图形单位"对话框

（四）坐标系

利用 AutoCAD 绘制图形，首先要了解图形对象所处的环境。如同我们在现实生活中所看到的一样，AutoCAD 提供了一个三维的空间，通常我们的建模工作都是在这样一个空间中进行的。AutoCAD 系统为这个三维空间提供了世界坐标系（WCS）和用户坐标系（UCS）。世界坐标系存在于任何一个图形之中，并且不可更改；用户坐标系通过修改坐标系的原点和方向，把世界坐标系转换为用户坐标系。

1. 世界坐标系（WCS）

AutoCAD 系统为用户提供了一个绝对的坐标系，即世界坐标系（WCS）。通常，AutoCAD 构造新图形时将自动使用 WCS。虽然 WCS 不可更改，但可以从任意角度、任意方向来观察或旋转。在 WCS 中，原点是图形左下角 X 轴和 Y 轴的交点（0，0），X 轴为水平轴，Y 轴为垂直轴，Z 轴垂直于 XY 平面，指向显示屏的外面，如图 1-1-14 所示。

图 1-1-14　世界坐标系

2. 用户坐标系（UCS）

UCS 是可以移动和旋转的坐标系。我们通常通过修改世界坐标系的原点和方向，把世界坐标系转换为用户坐标系。实际上，所有的坐标输入都使用了当前的 UCS，或者说，只要是用户正在使用的坐标系，都可以称之为用户坐标系。

进行用户坐标系设置的操作可通过以下方法来完成：

单击"工具"＞"新建 UCS"或"命名 UCS"或"移动 UCS"等或者直接在命令行输入：UCS。

（五）坐标的输入

在 AutoCAD 中，坐标的输入分为绝对坐标输入和相对坐标输入两种方式。

1. 直角坐标系中绝对坐标和相对坐标的输入

（1）绝对坐标表示的是一个固定点的位置，绝对坐标以原点（0，0，0）为基点来定义其他点的位置，输入某点的坐标值时，需要指示沿 X，Y，Z 轴相对于原点的距离及方向（以正负表示），各轴向上的距离值用"，"隔开，在二维平面中 Z 轴的值为 0，可以省略，如 A 点的绝对坐标是（10，5）。

（2）相对坐标是以上一次输入的坐标为坐标原点来定义某个点的位置，在表示方式上，相对坐标比绝对坐标在坐标前多了一个"@"符号，如 B 点的相对坐标（@12，5）。

🏵 随堂练习

绝对直角坐标输入法和相对直角坐标输入法的操作练习

实践目的：掌握绝对直角坐标输入法和相对直角坐标输入法，分析比较哪一种输入法更快捷。

实践内容：通过所学内容练习绝对直角坐标输入法和相对直角坐标输入法，分别用绝对直角坐标和相对直角坐标绘制直线、矩形，体会哪种方法更方便。

实践步骤：

（1）打开练习题\基础理论篇\模块一\任务一\输入法练习.DWG 文件，如图 1-1-15 和图 1-1-16 所示。

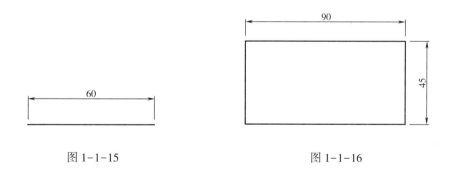

图 1-1-15   图 1-1-16

（2）按照前面所述方法和步骤，结合"L"直线命令、"REC"矩形命令，分别利用绝对直角坐标输入法和相对直角坐标输入法绘制出上面的直线和矩形，仔细体会并分析比较哪一种输入法更快捷。

2. 极坐标的输入

（1）绝对极坐标。以相对于坐标原点的距离和角度来定位其他点的位置，距离与角度之间用"<"分开，如 20<30，表示某点到原点的距离为 20 个单位，与 X 轴正半轴的夹角为 30°。

（2）相对极坐标。是以上一操作点为原点，用距离和角度来表示某点的位置，表示方法：@ 20<30。

 **随堂练习**

绝对极坐标输入法和相对极坐标输入法的操作练习

实践目的：掌握绝对极坐标输入法和相对极坐标输入法，分析比较哪一种输入法更快捷。

实践内容：通过所学内容练习绝对极坐标输入法和相对极坐标输入法，分别用绝对坐标和相对坐标绘制图形，体会哪种方法更方便。

实践步骤：

（1）打开练习题\基础理论篇\模块一\任务一\输入法练习.DWG 文件，如图 1-1-17 和图 1-1-18 所示。

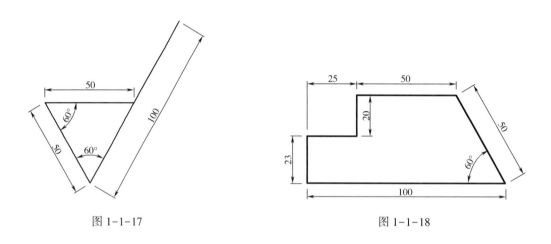

图 1-1-17   图 1-1-18

（2）按照前面所述方法和步骤，结合"L"直线命令分别利用绝对极坐标输入法和相对极坐标输入法绘制出上面的图形，仔细体会并分析比较哪一种输入法更快捷。

（六）绘图区域背景颜色的定义

AutoCAD 系统默认的绘图窗口颜色为黑色，命令行的字体为 Courier，用户可以根据自己的习惯将窗口颜色和命令行的字体进行重新设置。如用户一般习惯在黑屏状态下绘制图形，可以通过选项对话框更改绘图区域的背景颜色。

自定义应用程序窗口元素中颜色的步骤如下：

（1）执行"OP"，打开"选项"对话框，如图 1-1-19 右图所示。

（2）在"选项"对话框的"显示"选项卡中，单击"颜色"，如图 1-1-19 所示。

（3）在"图形窗口颜色"对话框中，选择要更改的"上下文"，然后选择要更改的"界面元素"。

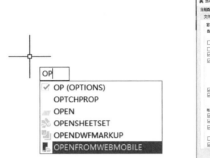

图 1-1-19 选项对话框的打开方式

（4）要指定自定义颜色，请从颜色列表中选择颜色，即打开了颜色列表，选择一种所需的颜色确定即可，如图 1-1-20 所示。

图 1-1-20 图形窗口颜色更改

（5）如果要恢复为默认颜色，则选择恢复当前元素、恢复当前上下文或恢复所有上下文。

（6）选择"应用并关闭"，将当前选项设置记录到系统注册表中并关闭该对话框。

随堂练习

背景颜色修改练习

实践目的：掌握修改背景颜色的方法和步骤。

实践内容：通过所学内容练习修改背景颜色。

实践步骤：请根据前面所述图形窗口颜色更改方法，将绘图区域背景颜色修改为白色或者绿色。

（七）拾取框和十字光标

屏幕上的光标将随着鼠标的移动而移动。在绘图区域内使用光标选择点或对象，光标的形状随着执行的操作和光标的移动位置不同而变化。如图1-1-21 所示，在不执行命令时光标是一个十字线的小框，十字线的交叉点是光标的实际位置。小框被称为拾取框，用于选择对象。如图 1-1-22 所示，在"选项"对话框中，将光标大小由系统默认值 5 改为 25。光标大小为 5 时绘图区域如图 1-1-23 所示，光标大小为 25 时绘图区域如图 1-1-24 所示。

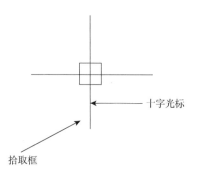

图 1-1-21　光标

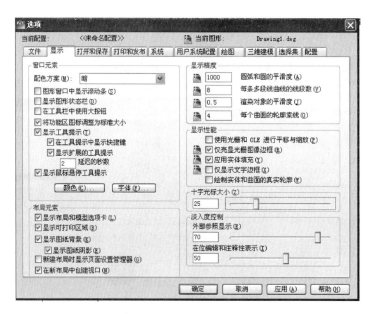

图 1-1-22　更改光标大小

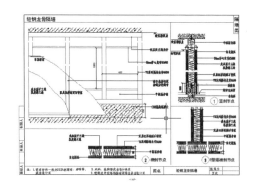

图 1-1-23　十字光标为 5

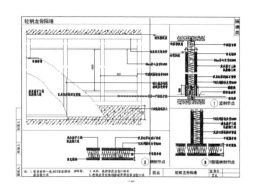

图 1-1-24　十字光标为 25

在执行绘图命令操作时，光标上的拾取框将会从十字线上消失，系统等待键盘输入参数或单击十字光标输入数据。当进行对象选择操作时，十字光标消失，仅显示拾取框。

如果将光标移出绘图区域，光标将会变成一种标准的窗口指针。例如，当光标移到工具栏时，光标将会变成箭头形状。此时，可以从工具栏上或菜单中选择要执行的选项。

（八）图层

使用图层绘图相当于在几张透明的纸上分别绘出一张图纸的不同部分，比如不同的图层可以设置不同的线宽、线型和颜色，也可以把尺寸标注、文字注释等设置到单独的图层以便于编辑。再将所有透明的纸叠在一起，看整体的效果。使用图层进行绘图，可以使工作更加容易，图形更易于绘制和编辑，因此，设置图层也是绘图之前必须要做的准备工作。

AutoCAD 2019 通过"图层特性管理器"来管理图层和图层特性。直接输入快捷命令"LA"，AutoCAD 弹出如图 1-1-25 所示的图层特性管理器。

图 1-1-25　图层特性管理器

在图层特性管理器中，我们可以很方便地对图层进行编辑。其中常用到的命令主要有：新建图层、设置当前图层、删除图层、开关图层、冻结和解冻图层、锁定和解锁图层、打印控制、设置图层颜色、设置图层线型、设置图层线宽等，如图 1-1-26 至图 1-1-28 所示。

创建新图层：点击"新建"可以创建新图层，新图层自动显示蓝色，此时可以输入图层名称；再次点击"新建"或直接回车，则再次创建新图层。

名称：图层的名称，双击可重新输入。

删除：选中图层后，点击"删除"来删除图层，但是被设置为当前的图层和0图层不能删除。

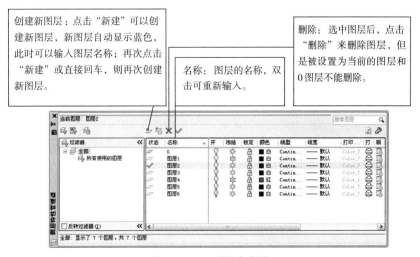

图 1-1-26　删除与名称

冻结：单击太阳小图标使其变成霜冻状态，图层便处于冻结状态。图层被冻结后图形不再显示在绘图区，也不能参与打印输出，并且被冻结的对象不能参与图形处理过程中的运算，这样可以加快系统重新生成的速度。注意：不能冻结当前图层，也不能将冻结图层设为当前图层。

图 1-1-27　冻结与解冻

锁定：单击开启锁头，使其变成锁定状态，图层即被锁定，被锁定的图形在绘图区仍能显示，但不能修改。对锁定状态下的锁头进行单击，就可以对图层进行解锁。

颜色：单击色块，弹出"选择颜色"对话框，在对话框中选取图层所需要的颜色。

图 1-1-28　锁定、解锁、颜色

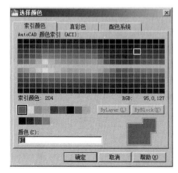

图 1-1-29　"选择颜色"对话框

在"选择颜色"对话框中选择本图层所对应的颜色后，单击"确定"即可，如图 1-1-29 所示。

线型是由线、点和空格组成的图样。可以通过图层指定对象的线型，也可以不依赖图层为对象指定其他线型。这里所说的线型不包括以下对象的线型：文字、点、视口、图案填充和块。

在"图层特性管理器"中的线型列的默认的"Continuous"上点击，就可以弹出"选择线型"对话框，在对话框中默认只有"Continuous"（实线）一种线型，如果需要虚线、中心线等其他线型，则需要额

设置当前图层：单击任意图层，选中后，可以点击"当前"，将其作为即将要操作的图层，也可以双击该图层达到设置当前图层的目的。

线型／线宽：系统弹出"选择线型"／"线宽"对话框。

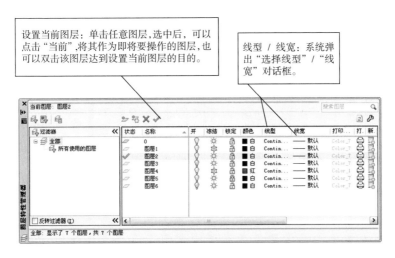

图 1-1-30　设置当前图层、设置线宽、线型

外加载，如图 1-1-30 所示。在"选择线型"对话框中选择此图层需要的线型，使其显示为蓝色，然后确定，如图 1-1-31 所示。

点击"选择线型"对话框右下角"加载"，弹出"加载或重载线型"对话框，用户可以选择需要的线型。选择时可以配合 Ctrl 或者 Shift 键实现多种线型的一次性选择，如图 1-1-32 所示。

图 1-1-31　"选择线型"对话框

图 1-1-32　"加载或重载线型"对话框

在"图层特性管理器"的"线宽"列中单击某一图层对应的线宽，就会弹出"线宽"对话框。在"线宽"对话框中选择需要使用的线宽，然后确定即可，如图1-1-33所示。AutoCAD 2019 支持 0.00~2.11mm 的线宽选择。

通过点击"打印机"图标，可控制该图层是否被打印，如图 1-1-34 所示。

"图层特性管理器"中的各个图层属性的修改也可以在图层特性工具栏简单实现。在图层特性管理器中讲解的内容同样适用于

图 1-1-33　"线宽"对话框

图 1-1-34　打印按钮

图层特性工具栏。图层特性工具栏如图 1-1-35 所示。

图 1-1-35　图层特性工具栏

图层特性工具栏的主要功能如下。

1. "颜色控制"列表框

该列表框用于设置绘图颜色。单击此列表框，AutoCAD 弹出下拉列表，如图 1-1-36 所示。用户可通过该列表设置绘图颜色（一般应选择"随层"）或修改当前图形的颜色。

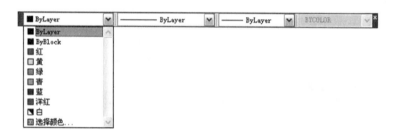

图 1-1-36　"颜色控制"列表框

修改图形对象颜色的方法是：首先选择图形，然后在颜色控制列表中选择对应的颜色。如果单击"选择颜色"项，AutoCAD 会弹出"选择颜色"对话框，供用户选择。

2. "线型控制"列表框

该列表框用于设置绘图线型。单击此列表框，AutoCAD 弹出下拉列表，如图 1-1-37 所示。用户可通过该列表设置绘图线型（一般应选择"随层"）或修改当前图形的线型。

图 1-1-37　"线型控制"下拉列表框

修改图形对象线型的方法是：选择对应的图形，然后在线型控制列表中选择对应的线型。如果单击列表中的"其他"选项，AutoCAD 会弹出"线型管理器"对话框，供用户选择。

3. "线宽控制"列表框

该列表框用于设置绘图线宽。单击此列表框，AutoCAD 弹出下拉列表，如图 1-1-38 所示。用户可通过该列表设置绘图线宽（一般应选择"随层"）或修改当前图形的线宽。

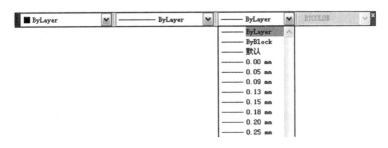

图 1-1-38 "线宽控制"列表框

修改图形对象线宽的方法是：选择对应的图形，然后在线宽控制列表中选择对应的线宽。

点石成金

在建筑、室内与家具设计行业中都有自己的制图规范，其中都规定了各种线型所指定的线宽。在模型空间中，线宽以像素显示，并且在缩放时不发生变化。因此，在模型空间中精确表示对象的宽度时不应该使用线宽，而应该使用多段线宽度设置。例如，如果要控制一个实际宽度为 0.5mm 的对象，就不能使用线宽而应该用宽度为 0.5mm 的多段线表现对象。

随堂练习

更改图层的颜色及线宽

实践目的：掌握图层创建与管理的方法，提高绘图效率。

实践内容：通过所学内容修改图纸的颜色和线宽。

实践步骤：执行"LA"，打开"图层特性管理器"，进行颜色和线宽的设置。

（1）打开练习题 \ 基础理论篇 \ 模块一 \ 任务一 \ 更改图层颜色及线宽 . DWG 文件。

（2）执行"LA"，打开"图层特性管理器"，如图 1-1-39 所示。

（3）在此修改标注的颜色，单击"尺寸标注"图层的颜色图标，如图 1-1-40 所示。

（4）打开"选择颜色"对话框，选择颜色为"红色"，如图 1-1-41 所示，单击确定按钮。

（5）"尺寸标注"图层颜色被更改为红色后，返回绘图区域即可看到设置效果。若要

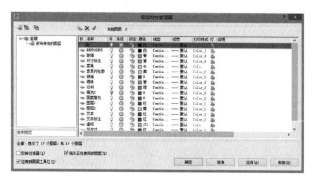

图 1-1-39　打开图层特性管理器

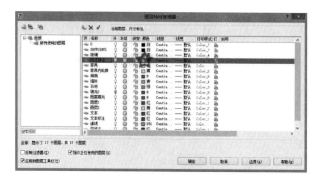

图 1-1-40　单击颜色图标

更改图层的颜色，可以按照上述方法进行更改。

（6）若要更改图层的线宽，同样执行"LA"，打开
"图层特性管理器"，选择要修改的图层线宽进行修改。

（九）图形的缩放与平移

1. 图形的缩放

图形显示缩放只是将屏幕上的对象放大或缩小其视
觉尺寸，就像用放大镜观看图形一样，从而可以放大图
形的局部细节。执行显示缩放后，对象的实际尺寸仍保
持不变。我们可以通过以下办法来实现：

（1）使用"缩放"工具栏。

（2）单击"视图"＞"缩放"，使用其中子命令。

（3）在命令行输入快捷命令"Z"。

命令行提示：

命令：zoom

指定窗口的角点，输入比例因子（nX 或 nXP），或者

［全部（A）/中心（C）/动态（D）/范围（E）/上一个（P）/比例（S）/窗
口（W）/对象（O）］＜实时＞：

图 1-1-41　选择颜色

命令行提示的各项与"视图">"缩放"中的子命令是一一对应的,我们更习惯使用"缩放工具栏",这样更为直观便捷。如图 1-1-42 所示,打开缩放工具栏后,各种类型的放大镜图标分别对应了窗口缩放、动态缩放、比例缩放、中心缩放、放大、缩小、范围缩放、全部缩放等。此外,在"视图">"缩放"子命令中还有"实时""上一步",如图 1-1-43 所示。

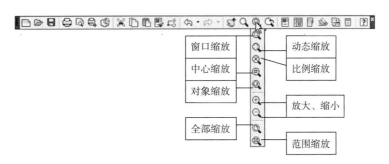

图 1-1-42　缩放工具栏

① "全部"缩放:该按钮主要用于将图形界限区域最大化显示。如果绘制的图形超出了图形界限,那么系统将最大化显示由图形界限和图形范围所定义的区域。

② "范围"缩放:在屏幕上尽可能最大化显示所有图形对象,所采用的显示边界是图形范围,而不是图形界限。

③ "放大"命令:单击该按钮一次,则视图放大一倍,其默认的比例因子为 2。

④ "缩小"命令:单击该按钮一次,则视图缩小二分之一,其默认的比例因子为 0.5。

⑤ "上一步"命令:单击该工具按钮可以依次返回前一次屏幕的显示,最多可返回 10 次。

图 1-1-43　"视图"菜单栏下的缩放按钮

⑥ "中心"缩放:在图形中指定一点作为新视图的中心点,然后指定一个缩放比例因子或指定高度,显示新的视图。

⑦ "动态"缩放:用于缩放显示在视图框中的部分图形,视图框表示视口,用户可以改变它的大小或在图形中移动。移动视图框或者调整它的大小,将其中的图像平移或者缩放,以充满整个视口。

⑧ "比例"缩放:以一定的比例来缩放图形,当单击该工具按钮时,命令行会提示输入比例因子(当输入的数字大于 1 时放大图形,等于 1 时显示整个图形,小于 1 时则缩小图形):

指定窗口的角点,输入比例因子(nX 或 nXP),或者

［全部（A）/中心（C）/动态（D）/范围（E）/上一个（P）/比例（S）/窗口（W）/对象（O）］<实时>: _ s

⑨ "窗口"缩放：通过在屏幕上指定两个对角点来确定一个矩形窗口，被选中的矩形窗口内的图形会被放大到整个屏幕。如图 1-1-44 和图 1-1-45 所示，在图形右上角利用"窗口"缩放，先选择一个矩形区域，单击鼠标左键确定，则刚才选中的矩形区域内的图形被放大到整个屏幕。

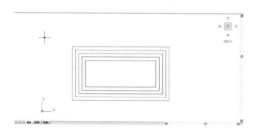

图 1-1-44　选择放大区域

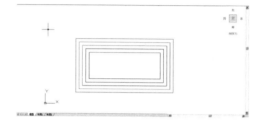

图 1-1-45　图形被放大

2. 图形的平移

图形平移是指移动整个图形，就像是移动整个图纸，以便使图纸的特定部分显示在绘图窗口。执行显示移动后，图形相对于图纸的实际位置并不发生变化。使用"平移"可以将视图重新定位，以便能看清需要观察或者修改的地方。

使用"平移"有以下方法：

（1）直接摁住鼠标中间滑轮。

（2）单击"视图"菜单下"平移"子命令。

（3）命令行输入"PAN"命令，用于实现图形的实时移动。

执行该命令，AutoCAD 在屏幕上出现一个小手光标，并提示：

按 Esc 或 Enter 键退出，或单击右键显示快捷菜单。

同时，在状态栏上提示："按住拾取键并拖动进行平移"，此时，按下拾取键并向某一方向拖动鼠标，就会使图形向该方向移动；按 Esc 键或 Enter 键可结束 PAN 命令的执行；如果右击，AutoCAD 会弹出快捷菜单供用户选择。

点石成金

AutoCAD 样板文件是扩展名为 .dwt 的文件，通常包括一些通用图形对象，如图幅框和标题栏等。还有一些与绘图相关的标准或通用设置，如图层、文字标注样式及尺寸标注样式的设置等。

通过样板创建新图形，可以避免一些重复性操作，如绘图环境的设置等。这样不仅能够提高绘图效率，而且还保证了图形的一致性。

当用户基于某一样板文件绘制新图形并以 .dwg 格式（AutoCAD 图形文件格式）保存后，所绘图形对原样板文件没有影响。

图形样板的制作方法为：

（1）单击"文件">"另存为"命令。

（2）在命令行直接输入"Ctrl+Shift+S"组合命令。

运行命令后弹出如图 1-1-46 所示对话框，选择文件类型为"AutoCAD 图形样板文件（*.dwt）"，输入文件名称即可保存。

家具设计制图普遍采用公制单位，单位是毫米，所以一般使用 acadiso.dwt 或 acadltiso.dwt 作为图形样板，如图 1-1-47 所示。

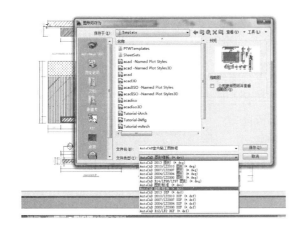

图 1-1-46　图形样板的保存

图 1-1-47　图形样板

任务四　AutoCAD 的基础操作和系统设置综合训练

实践目的：了解 AutoCAD 2019 的基本功能与作用。

实践内容：掌握如何在 AutoCAD 中设置绘图环境，掌握 AutoCAD 的基本绘图命令。

实践步骤：请参照以下提纲进行操作。

1. 基础操作

（1）创建新的 AutoCAD 文件（一般启动后自动生成）。

（2）打开已有文件。

（3）保存文件和文件另存。

（4）退出。

2. 常见系统配置

（1）修改背景颜色和十字光标的大小。工具→选项→显示→改变背景颜色/十字光标大小。

（2）修改自动保存时间和默认保存格式。工具→选项→打开和保存→另存为 2004.dwg 格式/修改自动保存时间。

3. BAK 文件的用法（修改名称及后缀）

（1）建立一个新的.DWG 文件。

（2）改变文件背景颜色为白色。

（3）设置自动保存时间为 3min。

（4）打开 .bak 自动备份文件。

4. 图形操作练习

（1）启动和退出 AutoCAD 的操作与练习。

（2）练习文件保存。

（3）常用系统配置练习。

（4）自动备份文件的应用练习。

（5）选取工具及常用工具条使用。

（6）常用快捷命令操作使用。

5. 思考

（1）安装 AutoCAD 2019，系统需求的注意事项有哪些？

（2）启动 AutoCAD 2019，熟悉显示选项卡和状态栏的使用方法。

（3）AutoCAD 2019 中如何显示或隐藏命令行窗口？

（4）在 AutoCAD 2019 中，文件的格式有哪些？

模块二　AutoCAD 2019 基本操作

任务一　平面绘图命令

学习目标：掌握二维图形的基础绘制命令和操作方法。

相关理论：关于绘制点、线、多边形、矩形、圆、圆弧、图案填充等基础二维图形的相关知识。

必备技能：能够熟练应用 AutoCAD 软件常用的平面绘图命令进行绘图。能进行初步的二维图形的绘制和表达。

素质目标：具备剖析问题、解决问题的能力。

在室内与家具设计中，基本图形的绘制、编辑、缩放、尺寸标注、文字注释等操作是非常重要的，也是设计制图人员所必须掌握的。本模块将重点介绍室内与家具设计人员必须掌握的基本绘图技能。要求我们掌握以下内容：绘制各种线型，直线、射线、构造线、多段线、样条曲线、多线；绘制矩形和正多边形；绘制圆、圆环、圆弧、椭圆及椭圆弧；设置点的样式并绘制点对象。工具栏绘图工具如图 1-2-1 所示。

图 1-2-1　工具栏绘图工具

本模块涉及的平面绘图快捷命令见表 1-2-1。

表 1-2-1　　　　　　　　　　本模块涉及的平面绘图快捷命令

序号	命令说明	快捷键	序号	命令说明	快捷键
1	直线	L	10	射线	RAY
2	构造线	XL	11	多段线	PL
3	样条曲线	SPL	12	多线	ML
4	修订云线	REVCLOUD	13	圆环	DO
5	矩形	REC	14	正多边形	POL
6	圆弧	A	15	圆形	C
7	单点	PO	16	定数等分	DIV
8	定距等分	ME	17	图案填充	H
9	椭圆	EL	—	—	—

（一）绘制点

在 AutoCAD 2019 中，点对象可以作为捕捉或者偏移对象的节点或参考点。可以通过单点、多点、定数等分、定距等分四种方式创建点对象。在创建点对象之前，可以根据实际需求设置点的样式和大小。

1. 设置点的样式和大小

选择"格式">"点样式"命令，即执行 DDP-TYPE 命令，AutoCAD 弹出图 1-2-2 所示的"点样式"对话框，用户可通过该对话框选择自己需要的点样式。此外，还可以利用对话框中的"点大小"编辑框确定点的大小。

2. 绘制单点

执行"POINT"命令或直接输入快捷命令"PO"，AutoCAD 提示：

指定点：

该提示下确定点的位置，AutoCAD 就会在该位置绘制出相应的点，绘制的单点如图 1-2-3 所示。

3. 绘制多点

绘制多点就是在输入命令后能一次绘制多个点。在"常用"选项卡的"绘图"面板中点击"多点"按钮，如图 1-2-4 所示。然后在绘图区指定位置多次点击，即可完成多个点的绘制。AutoCAD 提示：

当前点模式：PDMODE=67　PDSIZE=0.0000

绘制的多点如图 1-2-5 所示。

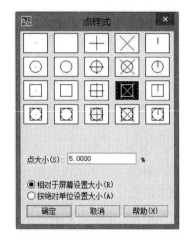

图 1-2-2　点样式

图 1-2-3　单点绘制

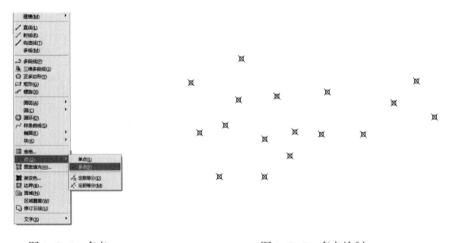

图 1-2-4　多点　　　　　　　　图 1-2-5　多点绘制

4. 绘制定数等分点

定数等分点是指将点对象沿对象的长度或周长等间隔排列。

选择"绘图">"点">"定数等分"命令，即执行 DIVIDE 命令或直接输入快捷命令"DIV"，AutoCAD 提示：

选择要定数等分的对象：（选择对应的对象）

输入线段数目或［块（B）］：

在此提示下直接输入等分数，即响应默认项，AutoCAD 在指定的对象上绘制出等分点。另外，利用"块（B）"选项可以在等分点处插入块。

点石成金

当对一条线段进行等分时，等分点总是无法显示的原因是什么？

解决方法：打开"草图设置"对话框，选择"象限点"后确定，打开"格式">"点样式"，在点样式对话框换取一种点样式即可。

随堂练习

定数等分的练习

实践目的： 了解定数等分的基本功能与作用，掌握定数等分的快捷键"DIV"。

实践内容： 掌握如何灵活运动定数等分命令。

实践步骤： 请使用"DIV"定数等分命令，结合"F3""L"等命令，绘制出如图 1-2-6 所示图形。

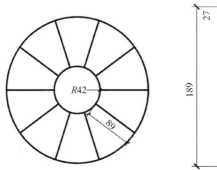
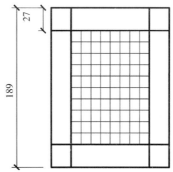

图 1-2-6　等分命令示例

5. 绘制定距等分点

定距等分点是指将点对象在指定的对象上按指定的间隔放置。启用定距等分命令方式如下：

选择"绘图">"点">"定距等分"命令，即执行 MEASURE 命令，或直接输入快捷命令"ME"，AutoCAD 提示：

选择要定距等分的对象：（选择对象）

指定线段长度或［块（B）］：

在此提示下直接输入长度值，即执行默认项，AutoCAD 在对象上的对应位置绘制出点。同样，可以利用"点样式"对话框设置所绘制点的样式。如果在"指定线段长度或[块（B）]:"提示下执行"块（B）"选项，则表示将在对象上按指定的长度插入块。

随堂练习

定距等分的练习

实践目的：了解定距等分的基本功能与作用，掌握定距等分的快捷键"ME"。

实践内容：掌握如何灵活运用定距等分命令。

实践步骤：请使用"ME"命令，并结合"F3""L"等命令，绘制如图 1-2-7 所示图形。本图例源文件详见本书附赠电子文件。

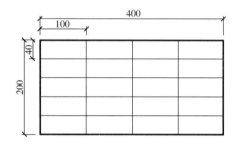

图 1-2-7　定距等分练习

（二）绘制线

1. 绘制直线

指定端点绘制一系列直线段。启用"直线"命令方式如下：

（1）命令行输入："L"。

（2）单击"绘图"工具栏上的 ✏ （直线）按钮。

（3）选择"绘图" > "直线"命令。

AutoCAD 提示：

第一点：（确定直线段的起始点）

指定下一点或［放弃（U）］：［确定直线段的另一端点位置，或执行"放弃（U）"选项重新确定起始点］

指定下一点或［放弃（U）］：［可直接按 Enter 键或 Space 键结束命令，或确定直线段的另一端点位置，或执行"放弃（U）"选项取消前一次操作］

指定下一点或［闭合（C）/放弃（U）］：［可直接按 Enter 键或 Space 键结束命令，或确定直线段的另一端点位置，或执行"放弃（U）"选项取消前一次操作，或执行"闭合（C）"选项创建封闭多边形］

指定下一点或［闭合（C）/放弃（U）］：↙［也可以继续确定端点位置，执行"放弃（U）"选项，执行"闭合（C）"选项］

执行结果：AutoCAD 绘制出连接相邻点的一系列直线段。值得注意的是用 LINE 命令绘制出的一系列直线段中的每一条线段均是独立的对象。

举例：使用直线命令绘制边长为 200 的等边三角形，如图 1-2-8 所示。

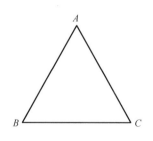

图 1-2-8　三角形图例

步骤如下：

（1）状态栏中开启"极轴"功能：

极轴追踪

（2）单击 ✐ 按钮，在绘图区某点单击鼠标左键，将鼠标水平右移，在命令行输入 200，绘制直线 *BC*。

（3）状态栏中开启"对象捕捉追踪"功能：

对象捕捉追踪

（4）单击 ✐ 按钮，捕捉 *B* 点，在命令行输入 @200<60 回车，完成直线 *AB* 的绘制。

（5）单击"空格"按键，再次执行直线命令，捕捉 *A* 点和 *C* 点，完成直线 *AC* 的绘制。

点石成金

如何绘制水平或者垂直的线？

（1）点击状态栏中的"正交"按钮，开启"正交"功能。

（2）按 F8 键，开启"正交"功能。

绘制直线时，常常需要将起点或者终点定在特殊点上，这时就需要开启"对象捕捉"功能。利用"对象捕捉"功能，在绘图过程中可以快速、准确地确定一些特殊点，如圆心、端点、中点、切点、交点、垂足等。

直线如何精确地拾取到点？

（1）可以通过"对象捕捉"工具栏和对象捕捉菜单（按下 Shift 键后右击可弹出此快捷菜单）启动对象捕捉功能，如图 1-2-9 所示。

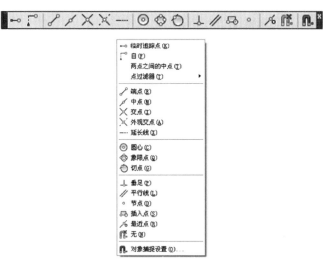

图 1-2-9 对象捕捉工具栏

图 1-2-10 对象捕捉

在 AutoCAD 2019 中，我们还可以使用对象自动捕捉（简称自动捕捉，又称为隐含对象捕捉），利用此捕捉模式可以使 AutoCAD 自动捕捉到某些特殊点。

（2）选择"工具">"草图设置"命令，从弹出的"草图设置"对话框中选择"对象捕捉"选项卡，如图 1-2-10 所示。在状态栏上的"对象捕捉"按钮上右击，从快捷菜单选择"设置"命令，也可以打开"草图设置"对话框。在"草图设置"对话框中可以很方便地根据绘图需要选取对象捕捉的模式，然后单击"确定"即可。在此，需要注意的是草图设置常常配套 F3 键来实现对象捕捉开与关的功能。

点石成金

如何确定直线的长度？

绘制直线时，往往要确定直线的长度，这时可以先确定直线的一个点的位置，将光标向需要延伸的方向拉，从键盘输入确定的数据，按回车键，再输入另一个方向的数值，再按回车键，若想终止，再次按下回车键即可。

随堂练习

直线的练习

实践目的：了解直线的基本功能与作用，掌握直线的快捷键"L"。

实践内容：掌握如何灵活运用直线命令。

实践步骤：请使用"L"命令，并结合"F3"对象捕捉，绘制图 1-2-11 所示图形。本图例源文件详见本书附赠电子文件。

2. 绘制射线

绘制射线是指绘制沿单方向无限长的直线，射线一般用作辅助线。

选择"绘图">"射线"命令，即执行"RAY"命令，AutoCAD 提示：

指定起点：（确定射线的起始点位置）

指定通过点：（确定射线通过的任一点，确定后 AutoCAD 绘制出过起点与该点的射线）

指定通过点：↙（也可以继续指定通过点，绘制过同一起始点的一系列射线，如图 1-2-12 所示）

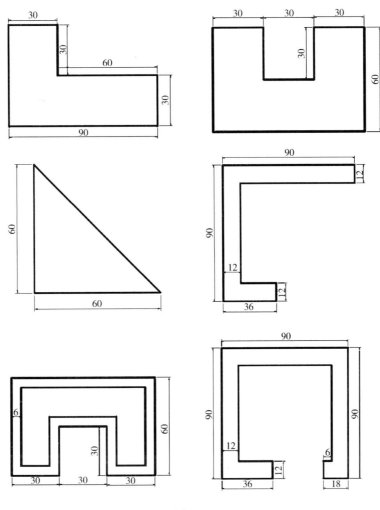

图 1-2-11

3. 绘制构造线

绘制构造线是指绘制沿两个方向无限长的直线，构造线一般用作辅助线。

单击"绘图"工具栏上的 （构造线）按钮，或选择"绘图" > "构造线"命令，即执行 XL 命令，AutoCAD 提示：

指定点或［水平（H）／垂直（V）／角度（A）／二等分（B）／偏移（O）］：

根据命令提示行提示进行操作，即可得到构造线，如图 1-2-13 所示。

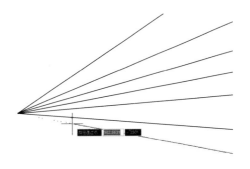

图 1-2-12　射线的绘制

"指定点"选项用于绘制通过指定两点的构造线。"水平"选项用于绘制通过指定点的水平构造线。"垂直"选项用于绘制通过指定点的垂直构造线。"角度"选项用于绘制沿指定方向或与指定直线的夹角为指定角度的构造线。"二等分"选项用于绘制平分由指定 3 点所确定的角的构造线。"偏移"选项用于绘制与指定直线平行的构造线。

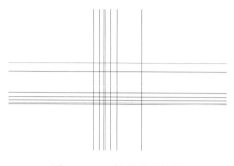

图 1-2-13　构造线的绘制

4. 绘制多段线

多段线是由直线段、圆弧段构成，且可以有宽度的图形对象。

单击"绘图"工具栏上的 ⤵ （多段线）按钮，或选择"绘图" > "多段线"命令，或直接输入快捷命令"PL"，即执行 PLINE 命令，AutoCAD 提示：

指定起点：（确定多段线的起始点）

当前线宽为 0.0000（说明当前的绘图线宽）

指定下一个点或［圆弧（A）/半宽（H）/长度（L）/放弃（U）/宽度（W）］：

"圆弧"选项用于绘制圆弧。"半宽"选项用于多段线的半宽。"长度"选项用于指定所绘多段线的长度。"宽度"选项用于确定多段线的宽度。

多段线示例如图 1-2-14 所示。

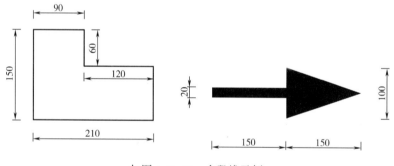

如图 1-2-14　多段线示例

点石成金

多段线与直线的区别：直线是一个单一的对象，每两个点确定一条直线，就算连在一起画每条也是单一的。而多段线又称为多义线，表示一起画的都是连在一起的一个复合对象，可以是直线，也可以是圆弧，并且它们还可以是不同的宽度。在三维建模当中也更多需要多段线。

随堂练习

多段线的练习

实践目的： 了解多段线的基本功能与作用，了解如何设置多段线的各项参数，掌握多段线的快捷命令"PL"。

实践内容：掌握如何灵活运用多段线命令。

实践步骤：使用多段线绘制如图 1-2-14 所示两个图形。

5. 绘制样条曲线

样条曲线是经过或接近影响曲线形状的一系列点的平滑曲线。绘制样条曲线的步骤如下：

依次单击"常用"选项卡>"绘图"面板>"样条曲线" 。或者直接输入样条曲线的快捷命令"SPL"，AutoCAD 提示：

输入 m，然后输入 f（拟合点）或 cv（控制点）

指定样条曲线的起点：

指定样条曲线的下一个点：（根据需要继续指定点）

按 Enter 键结束，或者输入 c（闭合）使样条曲线闭合。

可以使用几种方法编辑样条曲线和修改其基本数学参数。

可以使用多功能夹点、SPLINEDIT 和"特性"选项板编辑样条曲线。除了这些操作，还可以修剪、延伸和圆角样条曲线。

6. 绘制多线

多线由多条平行线组成，这些平行线称为元素。绘制多线时，可以使用包含两个元素的 STANDARD 样式，也可以指定一个以前创建的样式。开始绘制之前，可以更改多线的对正和比例。

多线对正将确定在光标的哪一侧绘制，或者是否位于光标的中心上。

多线比例用来控制多线的全局宽度（使用当前单位）。多线比例不影响线型比例，如果要更改多线比例，可能需要对线型比例做相应的更改，以防点或虚线的尺寸不正确。

可以创建多线的命名样式，以控制元素的数量和每个元素的特性。多线的特性包括：元素的总数和每个元素的位置；每个元素与多线中间的偏移距离；每个元素的颜色和线型；每个顶点出现的称为 joints 的直线的可见性；使用的端点封口类型；多线的背景填充颜色。

带有正偏移的元素出现在多线中间的一条线的一侧，带有负偏移的元素出现在这条线的另一侧。

进行多线样式设置时，在命令提示下，输入 MLSTYLE，弹出"多线样式"对话框，如图 1-2-15 所示。在"多线样式"对话框中，单击"新建"。

在"创建新的多线样式"对话框中，输入多线样式的名称并选择开始绘

图 1-2-15　"多线样式"对话框

制的多线样式。单击"继续"，如图 1-2-16 所示。

在"新建多线样式"对话框中，选择多线样式的参数并单击"确定"，如图 1-2-17 所示。

图 1-2-16 "创建新的多线样式"对话框

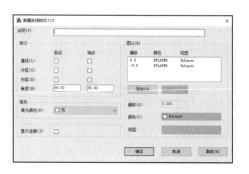

图 1-2-17 "新建多线样式"对话框

绘制多线的步骤：

（1）在命令提示下，输入 MLINE。

（2）在命令提示下，输入"ST"，选择一种样式。

（3）要列出可用样式，请输入样式名称。

（4）要对正多线，请输入"J"并选择上对正、无对正或下对正。

（5）要更改多线的比例，请输入"S"，并输入新的比例，开始绘制多线。

（6）指定起点。

（7）指定第二个点。

（8）指定其他点或按 Enter 键，如果指定了三个或三个以上的点，可以输入"C"闭合多线。

7. 绘制修订云线

修订云线是由连续圆弧组成的多段线，用来构成云线形状的对象。在查看或用红线圈阅图形时，可以使用修订云线功能亮显标记，以提高工作效率。

如何创建修订云线以亮显图形中的零件？AutoCAD 2019 软件提供了三种不同的修订云线，如图 1-2-18 所示；分别为：矩形修订云线，如图 1-2-19 所示；多边形修订云线，如图 1-2-20 所示；徒手画修订云线，如图 1-2-21 所示。

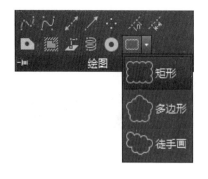

图 1-2-18 三种修订云线

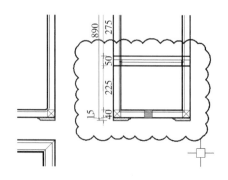

图 1-2-19 矩形修订云线

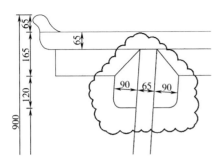

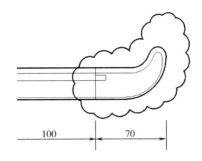

图 1-2-20　多边形修订云线　　　　　图 1-2-21　徒手画修订云线

(三) 绘制正多边形

单击"绘图"工具栏上的 （正多边形）按钮，或选择"绘图">"正多边形"命令，即执行 POLYGON 命令。AutoCAD 提示：

指定正多边形的中心点或 [边 (E)]：

1. 指定正多边形的中心点

此默认选项要求用户确定正多边形的中心点，指定后将利用多边形的假想外接圆或内切圆绘制等边多边形。执行该选项，即确定多边形的中心点后，AutoCAD 提示：

输入选项 [内接于圆 (I) /外切于圆 (C)]：

其中，"内接于圆"选项表示所绘制多边形将内接于假想的圆；"外切于圆"选项表示所绘制多边形将外切于假想的圆。

2. 边

根据多边形某一条边的两个端点绘制多边形。

举例：使用正多边形命令绘制如图 1-2-22 所示正多边形，其中，图 1-2-22 (a) 和图 1-2-22 (b) 圆的半径均为 60，图 1-2-22 (c) 边长为 60。

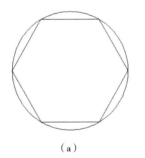
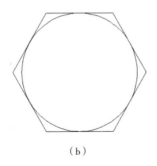
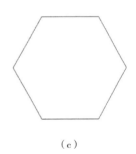

　　　（a）　　　　　　　　　　　（b）　　　　　　　　　　　（c）

图 1-2-22　绘制正多边形

(a) 内接于圆　　(b) 外切于圆　　(c) 指定边长

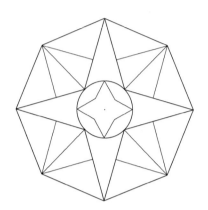

图 1-2-23　正多边形练习

随堂练习

正多边形的练习

实践目的： 了解正多边形的基本功能与作用，掌握正多边形的快捷键"POL"。

实践内容： 掌握如何灵活运用正多边形命令。

实践步骤： 请使用正多边形命令，并结合 "L"命令，绘制如图 1-2-23 所示图形。本图例源文件详见本书附赠电子文件。

（四）绘制矩形

根据指定的尺寸或条件绘制矩形。

单击"绘图"工具栏上的 ▭（矩形）按钮，或选择"绘图"＞"矩形"命令，即执行 RECTANG 命令，AutoCAD 提示：

指定第一个角点或［倒角（C）／标高（E）／圆角（F）／厚度（T）／宽度（W）］：

其中，"指定第一个角点"选项要求指定矩形的一角点。执行该选项，AutoCAD 提示：

指定另一个角点或［面积（A）／尺寸（D）／旋转（R）］：

此时可通过指定另一角点绘制矩形，通过"面积"选项根据面积绘制矩形，通过"尺寸"选项根据矩形的长和宽绘制矩形，通过"旋转"选项绘制按指定角度放置的矩形。

执行 RECTANG 命令时，"倒角"选项表示绘制在各角点处有倒角的矩形。"标高"选项用于确定矩形的绘图高度，即绘图面与 XY 面之间的距离。"圆角"选项确定矩形角点处的圆角半径，使绘制的矩形在各角点处按此半径绘制出圆角。"厚度"选项用于确定矩形的绘图厚度，使绘制的矩形具有一定的厚度。"宽度"选项用于确定矩形的线宽。

举例：使用矩形命令绘制的三个图形，如图 1-2-24 所示。

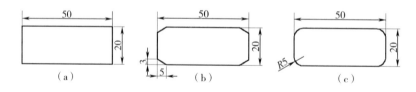

图 1-2-24　绘制矩形

随堂练习

矩形的练习

实践目的：了解矩形的基本功能与作用，掌握矩形的快捷键"REC"。

实践内容：掌握如何灵活运用矩形命令。

实践步骤：请使用"REC"矩形命令，并结合"F3"对象捕捉，绘制如图 1-2-25 所示图形。本图例源文件详见本书附赠电子文件。

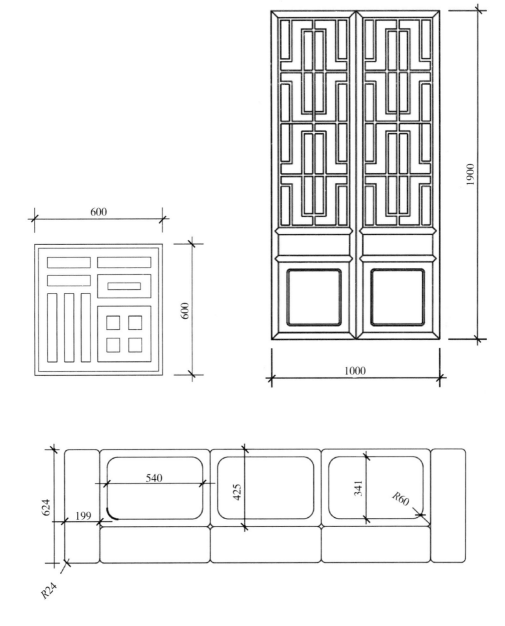

图 1-2-25　矩形绘制练习

（五）绘制圆弧

AutoCAD 提供了多种绘制圆弧的方法，可通过如图 1-2-26 所示的"圆弧"子菜单执行绘制圆弧操作或者工具栏圆弧图标来完成。

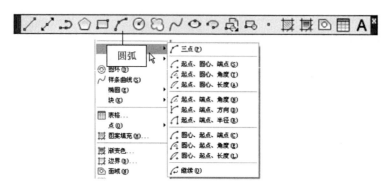

图 1-2-26 绘制圆弧

选择"绘图" > "圆弧" > "三点"命令，或直接执行快捷命令"A"。AutoCAD 提示：

指定圆弧的起点或 [圆心（C）]：（确定圆弧的起始点位置）

指定圆弧的第二个点或 [圆心（C）/端点（E）]：（确定圆弧上的任一点）

指定圆弧的端点：（确定圆弧的终止点位置）

执行结果：AutoCAD 绘制出由指定三点确定的圆弧。

举例：使用圆弧命令绘制如图 1-2-27 所示圆弧。

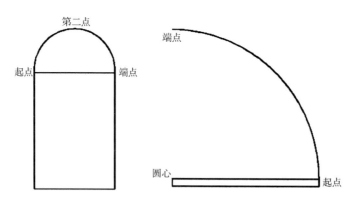

图 1-2-27 绘制圆弧

（六）绘制圆

单击"绘图"工具栏上的 ⊘ （圆）按钮，或直接输入快捷命令"C"。AutoCAD 提示：

指定圆的圆心或 [三点（3P）/两点（2P）/相切、相切、半径（T）]

其中，"指定圆的圆心"选项用于根据指定的圆心以及半径或直径绘制圆弧。"三点"选项根据指定的三点绘制圆。"两点"选项根据指定两点绘制圆。"相切、相切、半径"

选项用于绘制与已有两个对象相切，且半径为给定值的圆。

随堂练习

圆和圆弧的练习

实践目的：了解圆和圆弧的基本功能与作用，掌握圆的快捷键"C"，圆弧的快捷键"A"。

实践内容：掌握如何灵活运用圆和圆弧命令。

实践步骤：请使用圆命令，并结合"F3"对象捕捉和圆弧命令，绘制如图1-2-28所示图形。本图例源文件详见本书附赠电子文件。

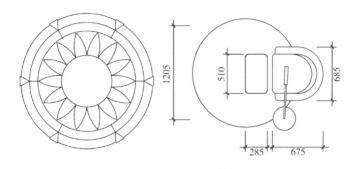

图 1-2-28　圆和圆弧的练习

（七）绘制椭圆和椭圆弧

单击"绘图"工具栏上的 ◯（椭圆）按钮，或执行快捷命令"EL"。AutoCAD 提示：
指定椭圆的轴端点或 ［圆弧（A）/中心点（C）］：

其中，"指定椭圆的轴端点"选项用于根据轴上的两个端点位置等绘制椭圆。"中心点"选项用于根据指定的椭圆中心点等绘制椭圆。"圆弧"选项用于绘制椭圆弧。

椭圆弧是椭圆的一部分，只是起点和终点没有闭合。执行"绘图" > "椭圆" > "圆弧"菜单命令，根据命令提示进行绘制。

随堂练习

椭圆和椭圆弧的练习

实践目的：了解椭圆和椭圆弧的基本功能与作用，掌握椭圆的快捷键"EL"。

实践内容：掌握如何灵活运用椭圆和椭圆弧命令。

实践步骤：请使用"EL"椭圆命令，并结合"C"圆形命令，绘制如图1-2-29所示图形。本图例源文件详见本书附赠电子文件。

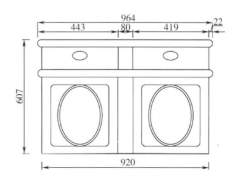

图 1-2-29　利用椭圆绘制柜子主视图

（八）绘制圆环

圆环是进行填充了的环形，即带有宽度的闭合多段线。创建圆环，要指定它的内外直径和圆心。通过不同的中心点，可以继续创建相同大小的多个圆环。要想创建实体填充圆，将内径值指定为 0 即可。我们下面设置圆环内径为 200，外径为 260，随机绘制一些圆环，如图 1-2-30 所示。

（1）依次单击"常用"选项卡>"绘图"面板>"圆环"，或直接输入圆环的快捷命令"DO"。

（2）指定内直径 200。

（3）指定外直径 260。

（4）指定圆环的中心点 。

（5）指定另一个圆环的中心点。

（6）按 Enter 键结束命令。

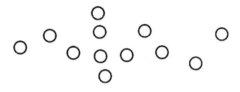

图 1-2-30　圆环的绘制

（九）图案填充

用指定的图案填充指定的区域。命令：BHATCH 或快捷命令"H"。

单击"绘图"工具栏上的图案填充按钮 ▨ ，或选择"绘图">"图案填充"命令，即执行 BHATCH 命令，AutoCAD 弹出如图 1-2-31 所示的"图案填充和渐变色"对话框。对话框中有"图案填充"和"渐变色"两个选项卡。

1. "图案填充"选项卡

"图案填充"选项卡用于设置填充图案以及相关的填充参数。其中，"类型和图案"选项组用于设置填充图案以及相关的填充参数，可通过"类型和图案"选项组确定填充类型与图案。通过"角度和比例"选项组设置填充图案时的图案旋转角度和缩放比例。"图案填充原点"选项组控制生成填充图案时的起始位置。"添加：拾取点"和"添加：选择对象"用于确定填充区域。

2. "渐变色"选项卡

单击"图案填充和渐变色"对话框中的"渐变色"标签，AutoCAD 切换到"渐变色"选项卡，如图 1-2-32 所示。

图 1-2-31　"图案填充和渐变色"对话框

图 1-2-32　"渐变色"选项卡

"渐变色"选项卡用于以渐变方式实现填充。其中，"单色"和"双色"两个单选按钮用于确定是以一种颜色填充，还是以两种颜色填充。当以一种颜色填充时，可利用位于"双色"单选按钮下方的滑块调整所填充的颜色。当以两种颜色填充时（选中"双色"单选按钮），位于"双色"单选按钮下方的滑块变成与其左侧相同的颜色框和按钮，用于确定另一种颜色。位于选项卡中间位置的 9 个图像按钮用于确定填充方式。

此外，还可以通过"角度"下拉列表框确定以渐变方式填充时的旋转角度，通过"居中"复选框指定对称的渐变配置。如果没有选定此选项，渐变填充将朝左上方变化，可创建出光源在对象左边的图案。

如果单击"边界图案填充和渐变色"对话框中位于右下角位置的小箭头，对话框则如图 1-2-33 所示，通过其可进行对应的设置。其中，"孤岛检测"复选框用于确定是否进行孤岛检测以及孤岛检测的方式。"边界保留"选项组用于指定是否将填充边界保留为对象，并确定其对象类型。

图 1-2-33　孤岛检测及类型

AutoCAD 2019 允许将实际上并没有完全封闭的边界用作填充边界。如果在"允许的间隙"文本框中指定数值，该值就是 AutoCAD 确定填充边界时可以忽略的最大间隙，即如果边界有间隙，且各间隙均小于或等于设置的允许值，那么这些间隙均会被忽略，AutoCAD 将对应的边界视为封闭边界。

图 1-2-34　"图案填充-开放边界警告"窗口

如果在"允许的间隙"文本框中指定数值，当通过"拾取点"按钮指定的填充边界为非封闭边界且边界间隙小于或等于设定的值时，AutoCAD 会打开如图 1-2-34 所示的"图案填充-开放边界警告"窗口，如果单击"继续填充此区域"行，AutoCAD 将对非封闭图形进行图案填充。

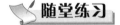 **随堂练习**

图案填充的练习

实践目的：了解图案填充的基本功能与作用，掌握图案填充的快捷键"H"。

实践内容：掌握如何灵活运用"H"命令。

实践步骤：请根据操作步骤绘制图 1-2-35 所示图形。图例源文件详见本书附赠电子文件。

请使用"H"命令，并结合"C"等命令，进行图案填充比例和角度练习，如

图 1-2-35 所示。

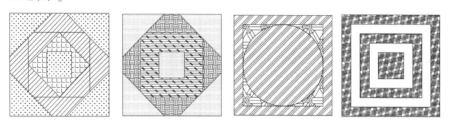

图 1-2-35　图案填充比例和角度练习

请使用"H"命令进行颜色的填充练习，如图 1-2-36 所示。

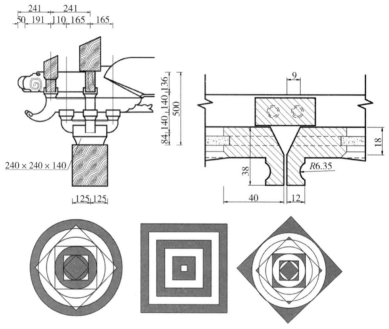

图 1-2-36　颜色的填充练习

请使用"H"命令，并结合"L""DIV"命令绘制出下面的面板拼花图形，如图 1-2-37 所示。

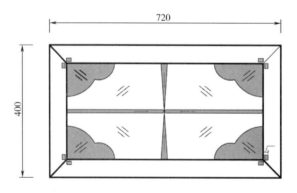

图 1-2-37　利用图案填充绘制面板拼花

任务二 图形编辑命令

学习目标：掌握二维图形的编辑命令和操作方法。

相关理论：关于选择、删除、复制、镜像、偏移、阵列、移动、旋转、缩放、修剪、延伸、打断、倒角、圆角、分解、夹点模式等二维图形编辑命令的相关理论和方法。

必备技能：能够熟练应用编辑命令进行二维图形的编辑和修改。

素质目标：根据设计意图，利用 AutoCAD 软件进行图形表达。

图形绘制出来后，难免要进行编辑，AutoCAD 2019 提供了多种编辑命令。利用这些命令可以省时省力地完成绘图。一般情况下，编辑命令的使用占整套图纸工作量的 60%~80%，其使用耗时是绘图命令的两倍。

本模块涉及的图形编辑快捷命令见表 1-2-2。

表 1-2-2　　　　　　　　　　本模块涉及的图形编辑快捷命令

序号	命令说明	快捷键	序号	命令说明	快捷键
1	删除	E	10	复制	CO
2	镜像	MI	11	偏移	O
3	阵列	AR	12	移动	M
4	旋转	RO	13	缩放	SC
5	拉伸	S	14	修剪	TR
6	延伸	EX	15	打断	BR
7	倒角	CHA	16	圆角	F
8	分解	X	17	单行文字	DT
9	多行文字	T/MT	—	—	—

（一）选择对象

对图纸进行修改时，必须首先选择对象，AutoCAD 提供了多种选择对象的方法。

1. 逐个选取

逐个选取也称为点选，常用来选择单独的实体。将选择光标对准实体进行单击，使其呈虚线状即可，如图 1-2-38 所示。

2. 全部选择

如果要使用一个编辑命令，当执行命令时，命令提示行提示："选择对象"，这时输入"all"，便可以选择所有实体。执行"Ctrl+A"组合命令，同样可以实现全部选择，如图 1-2-39 所示。

3. 窗口选择

窗选，这是最常用的一种选择方法，从左边和右边都可以拉出矩形的选框，但是选择的性质不同，可以分为正选、反选和索选。

（1）正选。从右上角或右下角拉出的矩形选框，则包括在矩形选框中的实体以及框边所触及的实体都会被选中，如图 1-2-40 所示。

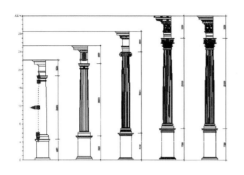

图 1-2-38　逐个选取

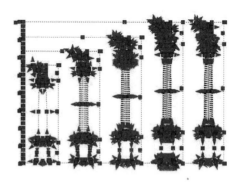

图 1-2-39　全部选择

（2）反选。从左上角或左下角拉出的矩形选框，则完全包含在矩形选框中的实体才会被选中（选中的物体呈虚线状），如图 1-2-41 所示。

正选、反选方式及结果示例如图 1-2-42 至图 1-2-45 所示。

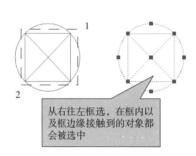

从右往左框选，在框内以及框边缘接触到的对象都会被选中

图 1-2-40　从右向左正选及结果

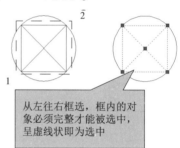

从左往右框选，框内的对象必须完整才能被选中，呈虚线状即为选中

图 1-2-41　从左向右反选及结果

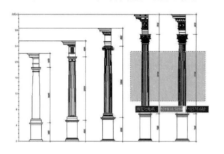

图 1-2-42　从右向左正选

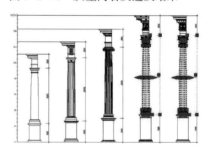

图 1-2-43　从右向左正选结果

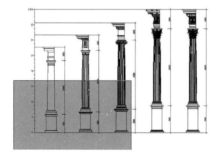

图 1-2-44　从左向右反选

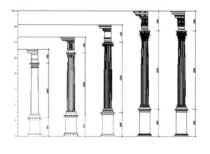

图 1-2-45　从左向右反选结果

（3）索选。要创建套索选择，请单击、拖动并释放鼠标按钮，如图 1-2-46 和图 1-2-47 所示。

①从左向右拖动光标以选择完全封闭在选择矩形或套索（窗口选择）中的所有对象。

②从右向左拖动光标以选择与选择矩形或套索（窗交选择）相交的所有对象。

③按 Enter 键结束对象选择。

使用套索选择时，可以按空格键在"窗口""窗交"和"栏选"对象选择模式之间切换。

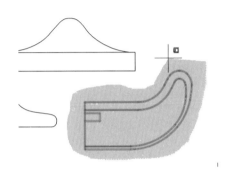

图 1-2-46　索选

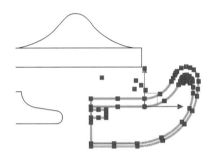

图 1-2-47　索选结果

（二）删除命令

删除指定的对象，就像是用橡皮擦除图纸上不需要的内容。

单击"修改"工具栏上的 ✐ （删除）按钮，或选择"修改"＞"删除"命令，即执行 ERASE 命令。AutoCAD 提示：

选择对象：（选择要删除的对象，可以用点石成金介绍的各种方法进行选择）

选择对象：↙（也可以继续选择对象或者按回车完成对实体的删除）

点石成金

在 AutoCAD 中，使用电脑键盘上的"Delete"同样可以实现图形删除。

随堂练习

删除功能的练习

实践目的：了解删除的基本功能与作用，掌握删除的快捷键"E"和"Delete"功能键。

实践内容：掌握如何灵活运用"E"命令和"Delete"功能键。

实践步骤：请根据操作步骤绘制图 1-2-48 所示图形，图例源文件详见本书附赠电子文件。

（1）请打开源文件，将要删除的部分进行方向选择，如图 1-2-48 所示。

（2）执行"E"或"Delete"功能键将选中的部分删除，删除后效果如图 1-2-49 所示。

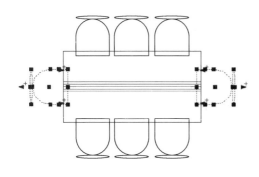

图 1-2-48　反向选择

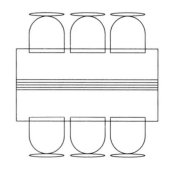

图 1-2-49　删除后效果

（三）复制命令

复制指将选定的对象复制到指定位置。

单击"修改"工具栏上的 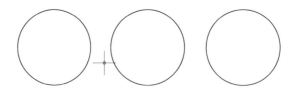（复制）按钮，或选择"修改"＞"复制"命令，即执行 COPY 命令。

举例：如图 1-2-50 所示，将左侧的图形沿水平方向每隔 100 个单位复制 1 个（用键盘输入法）。

命令：CO

选择对象：选择左边的圆　指定对角点：找到 5 个选择对象：按 Enter 键或鼠标右键确认

指定基点或 [位移（D）] ＜位移＞：选用任意点　指定第二个点或 ＜使用第一个点作为位移＞：@ 100，0✓

指定第二个点或 [退出（E）/放弃（U）] ＜退出＞：@ 200，0✓

指定第二个点或 [退出（E）/放弃（U）] ＜退出＞：@ 300，0✓

指定第二个点或 [退出（E）/放弃（U）] ＜退出＞：✓

图 1-2-50　复制举例

随堂练习

复制命令的练习

实践目的：了解复制的基本功能与作用，掌握复制的快捷键"CO"。

实践内容：掌握如何在 AutoCAD 中灵活运用"CO"命令。

实践步骤：请根据命令提示进行操作，如图 1-2-51 所示。本图例源文件详见本书附赠电子文件。

（1）请使用"CO"命令，复制出以下图形，如图 1-2-51 所示。

（2）复制后效果如图 1-2-52 所示。

图 1-2-51　复制前

图 1-2-52　复制后

（四）镜像命令

将选中的对象相对于指定的镜像线进行镜像。

单击"修改"工具栏上的 ▲▲（镜像）按钮，或选择"修改"＞"镜像"命令，即执行 MIRROR 命令。

举例：如图 1-2-53 所示，将椅子镜像到右方，保留源对象，镜像后效果如图 1-2-54 所示。

命令：MI

选择对象：选择椅子 找到 1 个

选择对象：按 Enter 键或鼠标右键确认指定镜像线的第一点：捕捉矩形上线的中点

指定镜像线的第二点：捕捉矩形下线的中点要删除源对象吗？　［是（Y）/否（N）］＜N＞：↙

注：当打开正交方式时，第二点可不用捕捉，直接在向下方向上任取一点。

图 1-2-53　镜像前效果

图 1-2-54　镜像后效果

随堂练习

镜像命令的练习

实践目的：了解镜像的基本功能与作用，掌握镜像的快捷键"MI"。

实践内容：掌握如何灵活运用"MI"命令。

实践步骤：请使用"MI"命令，镜像图 1-2-55 所示图形。最终镜像效果要求如图 1-2-56 所示。本图例源文件详见本书附赠电子文件。

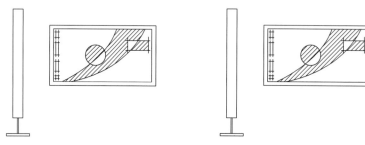

图 1-2-55　镜像前效果　　　　　　图 1-2-56　镜像后效果

（五）偏移命令

偏移操作又称为偏移复制，创建同心圆、平行线或等距曲线。

单击"修改"工具栏上的 🔲（偏移）按钮，或选择"修改" > "偏移"命令，即执行 OFFSET 命令。

举例：将图 1-2-57 中"圆弧槽"的内圈用偏移画出，内、外圈的间距为5。

命令：o↙OFFSET

当前设置：删除源＝否 图层＝源 OFF-SETGAPTYPE＝0

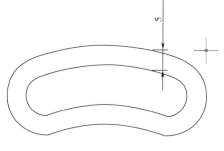

图 1-2-57　偏移举例

指定偏移距离或 ［通过（T）/删除（E）/图层（L）］<5.0000>：5↙

选择要偏移的对象，或 ［退出（E）/放弃（U）］<退出>：选择第一条弧线；

指定要偏移的那一侧上的点，或 ［退出（E）/多个（M）/放弃（U）］<退出>：在圆弧槽内侧点击；

选择要偏移的对象，或 ［退出（E）/放弃（U）］<退出>：选择第二条弧线；

指定要偏移的那一侧上的点，或 ［退出（E）/多个（M）/放弃（U）］<退出>：在圆弧槽内侧点击；

选择要偏移的对象，或 ［退出（E）/放弃（U）］<退出>：选择第三条弧线；

指定要偏移的那一侧上的点，或 ［退出（E）/多个（M）/放弃（U）］<退出>：在圆弧槽内侧点击；

选择要偏移的对象，或 ［退出（E）/放弃（U）］<退出>：选择第四条弧线；

指定要偏移的那一侧上的点，或 ［退出（E）/多个（M）/放弃（U）］<退出>：在圆弧槽内侧点击；

　　选择要偏移的对象，或［退出（E）/放弃（U）］<退出>：↙

随堂练习

偏移命令的练习

实践目的：了解偏移的基本功能与作用，掌握镜像的快捷键"O"。

实践内容：掌握如何灵活运用"O"命令。

实践步骤：请使用"O"命令，绘制如图 1-2-58 和图 1-2-59

所示两个图形。本图例源文件详见本书附赠电子文件。

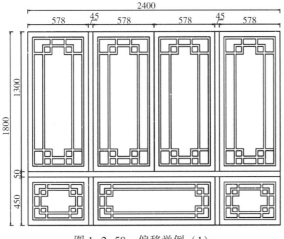

图 1-2-58　偏移举例（1）

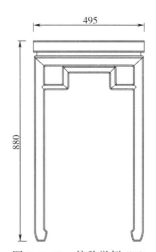

图 1-2-59　偏移举例（2）

（六）阵列命令

将选中的对象进行矩形或环形多重复制。

　　单击"修改"工具栏上的 ⊞（阵列）按钮，或选择"修改"＞"阵列"命令，即执行阵列（AR）命令，AutoCAD 弹出"阵列"对话框，如图 1-2-60 所示。

图 1-2-60　"阵列"对话框

1. 矩形阵列

如图 1-2-60 所示为矩形阵列对话框（即选中了对话框中的"矩形阵列"单选按钮）。利用其选择阵列对象，并设置阵列行数、列数、行间距、列间距等参数后，即可实现阵列。

图 1-2-61　阵列图案

举例：绘制一个如图 1-2-61 所示阵列图形。

绘制步骤：

在绘图区画一任意圆。

①打开阵列对话框。

②选择对象，在行的右侧输入"5"，列的右侧输入"5"，阵列角度右侧输入"45"。

③点击"拾取行偏移"按钮，阵列对话框暂时消失，命令行提示："指定行间距："用鼠标捕捉圆的圆心和上象限点，阵列对话框又恢复。

④点击"拾取列偏移"按钮，阵列对话框暂时消失，命令行提示："指定列间距："用鼠标捕捉圆的圆心和右象限点。

⑤阵列对话框恢复，点击"确定"按钮。

2. 环形阵列

如图 1-2-62 所示是环形阵列对话框（即选中了对话框中的"环形阵列"单选按钮）。利用其选择阵列对象，并设置阵列中心点、填充角度等参数后，即可实现阵列。

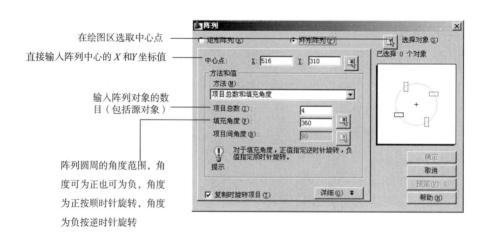

图 1-2-62　环形阵列对话框

3. 路径阵列

路径阵列是指沿路径平均分布对象副本，路径可以是曲线、弧线、折线等所有开放性线段。执行"修改">"阵列">"路径阵列"菜单命令，按照命令提示行的提示信息进行操作。

如图 1-2-63 所示，按照样条曲线的路径进行阵列。

（1）输入阵列的快捷命令"AR"，选择要阵列的对象，如图 1-2-63（a）所示。

（2）选择路径阵列，如图 1-2-63（b）所示。

（3）选择路径曲线，如图 1-2-63（c）所示。

（4）选择夹点以编辑阵列，或根据命令提示选择其他选项，如图 1-2-63（d）所示。

（5）阵列完成，如图 1-2-63（e）所示。

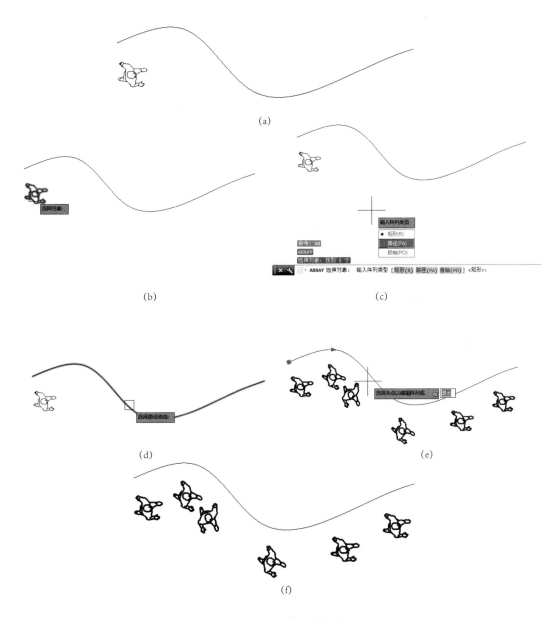

图 1-2-63　曲线路径阵列

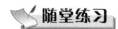 随堂练习

阵列命令的练习

实践目的： 了解阵列的基本功能与作用，掌握阵列的快捷键"AR"。

实践内容： 掌握如何灵活运用"AR"命令。

实践步骤： 请使用"AR"命令，阵列如图 1-2-64 至图 1-2-66 所示图形。本图例源文件详见本书附赠电子文件。

（1）执行"AR"阵列命令，选择环形阵列，绘制如图 1-2-64 所示的图形。

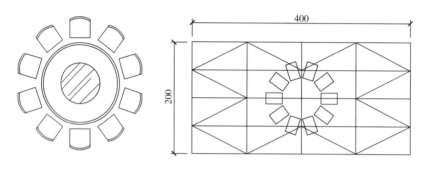

图 1-2-64　环形阵列练习

（2）执行"AR"阵列命令，选择矩形阵列，绘制如图 1-2-65 所示的图形。

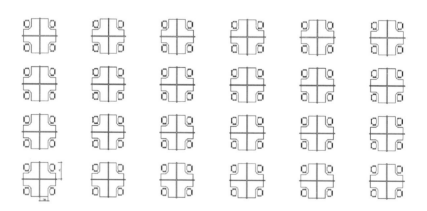

图 1-2-65　矩形阵列练习

（3）执行"AR"阵列命令，选择路径阵列，绘制如图 1-2-66 所示的图形。

（七）移动命令

将选中的对象从当前位置移到另一个位置，即更改图形在图纸上的位置。

命令：MOVE　快捷命令：M

单击"修改"工具栏上的 （移动）按钮，或选择"修改">"移动"命令，即执行 MOVE 命令。

举例：如图 1-2-67 所示，现有一个圆，要将它向右移动 100 个单位，向下移动 50 个

单位。有两种方法：

方法 1：选择基点的位移。

命令：m↙

选择对象：找到 1 个

选择对象：↙

指定基点或［位移（D）］＜位移＞：10,10↙

指定第二个点或＜使用第一个点作为位移＞：110,-40↙

上述方法中的基点（10,10）是任意的，第二点减去第一点正好是位移量：（100,-50）。但在一般实践中要这样计算显然是非常麻烦的。可以用相对坐标的方法省去烦琐的计算。

方法 2：不选择基点的位移

命令：m↙

选择对象：找到 1 个

选择对象：↙

指定基点或［位移（D）］＜位移＞：100,-50↙

指定第二个点或＜使用第一个点作为位移＞：↙

这种方法是将第一个输入的点作为位移处理，没有基点的选择。

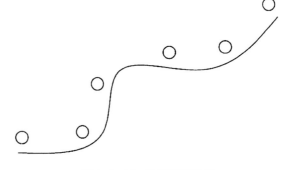

图 1-2-66　路径阵列练习

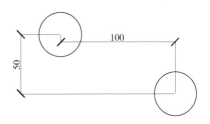

图 1-2-67　移动举例

随堂练习

移动命令的练习

实践目的：了解移动的基本功能与作用，掌握移动的快捷键"M"。

实践内容：掌握如何灵活运用"M"命令。

实践步骤：请使用"M"命令，将图 1-2-68（a）的装饰画移动到图 1-2-68（b）茶室墙体立面图上，最终效果如图 1-2-68（c）所示。本图例源文件详见本书附赠电子文件。

（a）

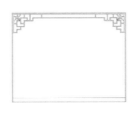

（b）

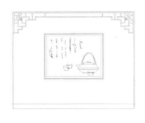

（c）

图 1-2-68　移动对象

（八）旋转命令

旋转对象指将指定的对象绕指定点（称其为基点）旋转指定的角度。

快捷命令：RO

单击"修改"工具栏上的 ⟳（旋转）按钮，或选择"修改">"旋转"命令，即执行 ROTATE 命令。

随堂练习

旋转命令的练习

实践目的： 了解旋转的基本功能与作用，掌握旋转的快捷键"RO"。

实践内容： 掌握如何灵活运用"RO"命令。

实践步骤： 请使用"RO"命令，将双人床图形旋转 90°，如图 1-2-69（b）所示，图 1-2-69（a）为旋转前。本图例源文件详见本书附赠电子文件。

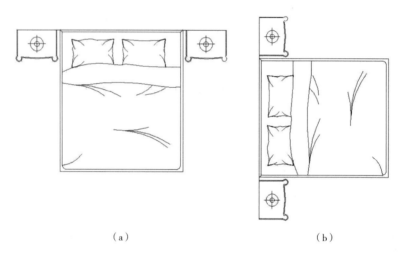

（a）　　　　　　　　　　　　（b）

图 1-2-69　旋转双人床

（九）缩放命令

缩放对象指放大或缩小指定的对象。

单击"修改"工具栏上的 ⧉（缩放）按钮，或选择"修改">"缩放"命令，即执行 SCALE 命令。

举例：将如图 1-2-70（a）所示小门放大一倍，成为图 1-2-70（b）所示的大门。

命令：scale↙

选择对象：使用窗口方式指定对角点：找到 25 个

选择对象：↙

指定基点：捕捉小门的左下角点

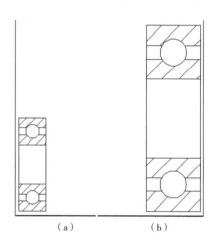

（a）　　　　（b）

图 1-2-70　缩放

指定比例因子或［复制（C）／参照（R）］<0.5000>：2↙

随堂练习

缩放命令的练习

实践目的：了解缩放的基本功能与作用，掌握缩放的快捷键"SC"。

实践内容：掌握如何灵活运用"SC"命令。

实践步骤：请使用"SC"命令，将窗户装饰图案分别缩放 0.5 倍和 2 倍，如图 1-2-71 所示。本图例源文件详见本书附赠电子文件。

缩小0.5倍效果　　　　　　　原图　　　　　　　　　放大2倍后效果

图 1-2-71　缩放窗户

（十）拉伸命令

拉伸与移动的功能有类似之处。移动命令可移动图形，但拉伸通常用于使对象拉长或压缩。

单击"修改"工具栏上的 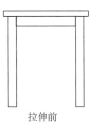（拉伸）按钮，或选择"修改"＞"拉伸"命令，即执行 STRETCH 命令。拉伸效果如图 1-2-72 所示。

拉伸前　　　　　　　　　拉伸后

图 1-2-72　拉伸

随堂练习

拉伸命令的练习

实践目的：了解拉伸的基本功能与作用，掌握拉伸的快捷键"S"。

实践内容：掌握如何灵活运用"S"命令。

实践步骤：请使用"S"命令，将桌面宽度拉伸 300mm，如图 1-2-73 所示。本图例源文件详见本书附赠电子文件。

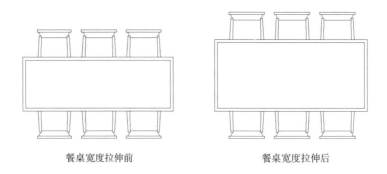

餐桌宽度拉伸前　　　　　　　　　　餐桌宽度拉伸后

图 1-2-73　拉伸餐桌

（十一）修剪命令

用作为剪切边的对象修剪指定的对象（后者称为被剪边），即将被修剪对象沿修剪边界（即剪切边）断开，并删除位于剪切边一侧或位于两条剪切边之间的部分。

"修剪"快捷命令：TR

单击"修改"工具栏上的 ⚃（修剪）按钮，或选择"修改"＞"修剪"命令，即执行 TRIM 命令。修剪效果如图 1-2-74 所示。

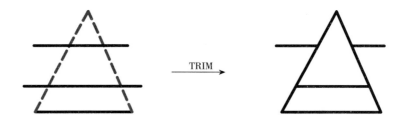

图 1-2-74　修剪效果

随堂练习

修剪命令的练习

实践目的： 了解修剪的基本功能与作用，掌握缩放的快捷键"TR"。

实践内容： 掌握如何灵活运用"TR"命令。

实践步骤： 请使用"TR"命令，对图像进行修剪，如图 1-2-75 所示。本图例源文件详见本书附赠电子文件。

修剪前　　　　　　　修剪后

图 1-2-75　修剪练习

（十二）延伸命令

延伸对象将指定的对象延伸到指定边界。

单击"修改"工具栏上的 ⌐/ （延伸）按钮，或选择"修改" > "延伸"命令，即执行 EXTEND 命令。

延伸命令的练习

实践目的：了解延伸的基本功能与作用，掌握延伸的快捷键"EX"。

实践内容：掌握如何灵活运用"EX"命令。

实践步骤：请使用"EX"命令，对图像进行延伸，如图1-2-76所示。本图例源文件详见本书附赠电子文件。

图1-2-76　延伸举例

（十三）打断命令

打断指从指定的点处将对象分成两部分或删除对象上所指定两点之间的部分。快捷命令：BR。选择"修改" | "打断"命令，即执行 BREAK 命令。

（十四）倒角命令

倒角指在两条直线之间创建倒角。

单击"修改"工具栏上的 ◸ （倒角）按钮，或选择"修改" > "倒角"命令，即执行 CHAMFER 命令。倒角效果如图1-2-77所示。

图1-2-77　倒角图例

（十五）圆角命令

圆角指为对象创建圆角。

单击"修改"工具栏上的 ◠ （圆角）按钮，或选择"修改" > "圆角"命令，即执行 FILLET 命令。圆角效果如图1-2-78所示。

（十六）分解命令

分解命令也称炸开命令，可以将多段线、块、标注和面域等合成对象分解成部件对象。

在命令行输入快捷命令"X"；

在"修改"菜单中选择"分解"命令；

命令行提示："选择对象"，

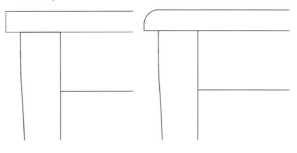

图1-2-78　圆角命令

选择想要炸开的图形，全部选定后，单击鼠标右键或者回车，即完成炸开命令。图形被分解后，往往变成多个小个体，如图1-2-79所示。

（十七）使用夹点编辑对象

夹点是一些小方框，是对象上的控制点。利用夹点功能，用户可以比较方便地编辑对象。要使用夹点编辑对象，必须启用 AutoCAD 夹点功能。

AutoCAD 默认情况下启用夹点。点击对象时，对象关键点上将出现蓝色的夹点。点击其中一个夹点作为操作点，该夹点呈红色显示，此时用户可以拖拽夹点直接移动其位置，如图1-2-80所示。圆弧夹点还多了蓝色的箭头，选中箭头操作，改变圆弧的半径或周长，但圆心不动。选中蓝色方块操作，则改变此点的位置，读者可自行操作。

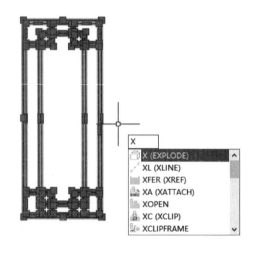

图1-2-79　分解命令示例

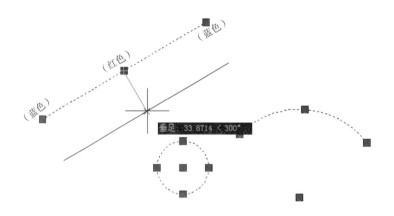

图1-2-80　夹点操作

当显示夹点之后，点击鼠标右键，弹出快捷菜单，如图1-2-81所示。可从中选择命令进行编辑操作。也可以在显示夹点之后直接在命令行中输入相应的命令，或点击所需命令按钮。

任务三　文字注释

学习目标：掌握文字注释的相关命令和设置方法。

相关理论：文字样式、单行文字、多行文字的设置和操作的相关理论。

必备技能：1. 能够熟练对给出的二维图形进行文本注释。

2. 能够熟练利用文本注释相关命令在图纸上进行设计说明。

3. 能够通过文本注释在图纸上进行其他信息的清晰表达。

素质目标：具有对设计意图、设计思路和设计内容进行清晰表达的能力。

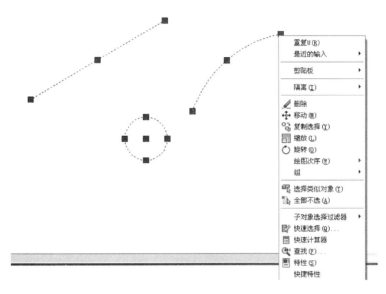

图 1-2-81　右键快捷菜单

完整的图纸可能包含复杂的技术要求、标题栏信息、标签等诸多文字注释。AutoCAD 2019 提供了多种文字注释方法。对简短的文字输入可使用单行文字工具；对带有某种格式的较长的文字输入可以使用多种文字工具；也可以输入带有引线的多行文字。

所有输入的文字都应用文字样式，包括相应字体和格式的设置以及文字外观的定义。用户还可以利用系统提供的工具更改文字的比例、对齐文字、查找和替换文字以及检查拼写错误等。

（一）文字样式

AutoCAD 图形中的文字是根据当前文字样式标注的。文字样式说明所标注文字使用的字体以及其他设置，如字高、颜色、文字标注方向等。AutoCAD 2019 为用户提供了默认文字样式 STANDARD。当在 AutoCAD 中标注文字时，如果系统提供的文字样式不能满足国家制图标准或用户的要求，则应首先定义文字样式。

快捷命令：ST

单击对应的工具栏按钮 ![按钮]，或选择"格式">"文字样式"命令，即执行 STYLE 命令，AutoCAD 弹出如图 1-2-82 所示的"文字样式"对话框。

1. 样式

"样式"列表框中列有当前已定义的文字样式，用户可从中选择对应的样式作为当前样式或进行样式修改，也可以通过点击"新建"按钮来打开"新建文字样式"

图 1-2-82　文字样式对话框

对话框，创建新的文字样式，制定个人习惯的字体和效果，或者引用公司统一的形式。

2. 字体

"字体"选项组用于确定所采用的字体。使用"大字体"选项，往往应用于大字体的文件。

3. 大小

"大小"选项组用于指定文字的高度，在高度一栏，如果设置为 0.00，那么再输入文字时，将会再次提示输入文字高度，如果在此预先设置好高度，那么文字的输入就会默认按照这里的高度。

4. 效果

"效果"选项组用于设置字体的某些特征，如字的宽高比（即宽度比例）、倾斜角度、是否倒置显示、是否反向显示以及是否垂直显示等。

5. 预览

预览框组用于预览所选择或所定义文字样式的标注效果。

6. 新建

"新建"按钮用于创建新样式。

7. 置为当前

"置为当前"按钮用于将选定的样式设为当前样式。

8. 应用

"应用"按钮用于确认用户对文字样式的设置。

单击"确定"按钮，AutoCAD 关闭"文字样式"对话框。

（二）单行文字

单行文字适用于字体单一、内容简单，一行就可以容纳的注释文字。如室内装饰中表面材料的标注。其优点在于使用单行文字命令输入的文字，每一行都是一个编辑对象，可以方便地移动、旋转和删除。

可以通过如下命令调用单行文字命令：

（1）快捷命令：DT。

（2）选择"绘图">"文字">"单行文字"命令，或工具栏"文字">$\mathbf{A\!I}$"（单行文字）"，即执行 DTEXT 命令。

（三）多行文字

快捷命令：T/MT

多行文字适用于字体复杂、字数多甚至整段的文字。使用多行文字输入后，文字可以由任意数目的文字行或段落组成，在制定的宽度内布满，可以沿垂直方向无限延伸。

不论行数多少，单个编辑任务创建的段落将构成单个对象。用户可对其进行移动、旋转、删除、复制、镜像或者缩放操作。

多行文字的编辑选项要比单行文字多。例如，可以对段落中的单个字符、词语或者短语添加下划线、更改字体、变换颜色和调整文字高度等。可以通过以下方法调用多行文字命令：

（1）菜单。"绘图">"文字">"多行文字"。

（2）工具栏。"绘图">"A（多行文字）"，即执行 MTEXT 命令。

文字编辑器由"文字格式"工具栏和水平标尺等组成，工具栏上有一些下拉列表框、按钮等，如图 1-2-83 所示。用户可通过该编辑器输入要标注的文字，并进行相关标注设置。

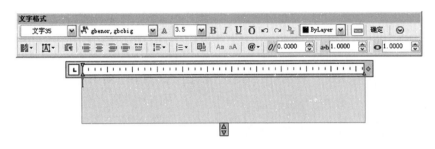

图 1-2-83　文字编辑器

特殊符号输入方法：输入"%%d"表示度数；输入"%%c"表示直径符号；输入"%%p"表示正负号；输入"/"垂直堆叠文字，并用水平线分隔；输入"#"对角堆叠文字，由对角线分隔；输入"^"公差堆叠，不用直线分隔。

任务四　尺寸标注

学习目标：1. 掌握标注样式设置的命令和方法。
　　　　　　2. 掌握尺寸标注的分类和操作方法。

相关理论：1. 尺寸标注的基本概念。
　　　　　　2. 标注样式管理器中关于线、符号和箭头、文字、调整、主单位、换算单位、公差等选项卡参数的设置。
　　　　　　3. 线性标注、对齐标注、角度标注、直径标注、半径标注、弧长标注、折弯标注、连续标注、基线标注的相关知识。

必备技能：1. 能够在样式管理器中进行标注样式的相关设置。
　　　　　　2. 能够利用尺寸标注对二维图形进行尺寸、角度、直径、弧长等信息的标注。

素质目标：具备科学、缜密、严谨的工作作风和专注做事、精益求精、力争突破的工匠精神。

不论是建筑还是家具，完整的图纸都必须包括尺寸标注。AutoCAD 中，一个完整的尺寸一般由尺寸线、延伸线（即尺寸界线）、尺寸文字（即尺寸数字）和尺寸箭头组成，如图 1-2-84 所示。请注意：这里的"箭头"是一个广义的概念，可以用短划线、点或其他标记代替尺寸箭头。

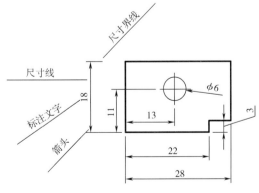

图 1-2-84　尺寸标注

（一）尺寸标注的基本概念

AutoCAD 提供为对象设置标注格式

的方法。可以在各个方向、各个角度对对象进行标注。也可以创建符合行业标准规范的标注样式，从而达到快速标注图形的目的。

标注显示了对象的测量值、对象之间的距离、角度等。AutoCAD 提供了三种基本的标注类型：线性、半径和角度。标注可以是水平、垂直、对齐、旋转、坐标、基线或连续，如图 1-2-85 所示。

（二）标注样式

尺寸标注样式（简称标注样式）用于设置尺寸标注的具体格式。如尺寸文字采用的样式，尺寸线、尺寸界线以及尺寸箭头的标注设置等，以满足不同行业或不同国家的尺寸标注要求。

定义、管理标注样式的命令是 DIMSTYLE。此外，还可以调用"格式"＞"标注样式"或"标注"＞"标注样式"。执行 DIMSTYLE 命令，AutoCAD 弹出如图 1-2-86 所示的"标注样式管理器"对话框。

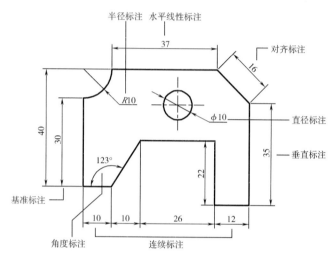

图 1-2-85　尺寸标注示例

在家具设计中，我们一般需要结合行业标准与自己的标注习惯对标注样式进行重新设定，那么我们就需要创建新的标注样式。

在"标注样式管理器"对话框中，单击"新建"按钮，AutoCAD 弹出如图 1-2-87 所示"创建新标注样式"对话框。

确定新样式的名称和有关设置后，单击"继续"按钮，AutoCAD 弹出"新建标注样式"对话框，如图 1-2-88 所示。

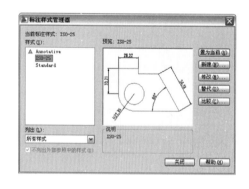

图 1-2-86　标注样式管理器

图 1-2-87　创建新标注样式

对话框中有"线""符号和箭头""文字""调整""主单位""换算单位"和"公

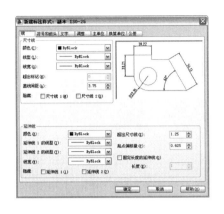

图 1-2-88 新建标注样式

差"7 个选项卡,下面分别给予介绍。

1. "线"选项卡

"线"选项卡用于设置尺寸线和尺寸界线的格式与属性,其对话框如图 1-2-88 所示。选项卡中,"尺寸线"选项组用于设置尺寸线的样式。"延伸线"选项组用于设置尺寸界线的样式。预览窗口可根据当前的样式设置显示出对应的标注效果示例。详细说明如图 1-2-89 所示。

2. "符号和箭头"选项卡

"符号和箭头"选项卡用于设置尺寸箭头、圆心标记、弧长符号以及半径折弯标注等方面

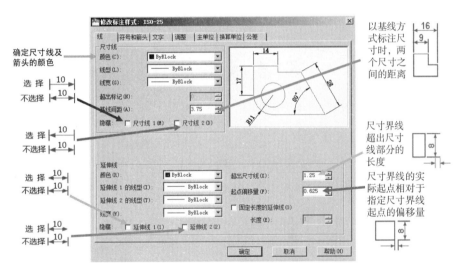

图 1-2-89 "线"选项卡

的格式,其对话框如图 1-2-90 所示。

"符号和箭头"选项卡中,"箭头"选项组用于确定尺寸线两端的箭头样式。"圆心标记"选项组用于确定当对圆或圆弧执行标注圆心标记操作时,圆心标记的类型与大小。"折断标注"选项用于确定在尺寸线或延伸线与其他线重叠处打断尺寸线或延伸线时的尺寸。"弧长符号"选项组用于为圆弧标注长度尺寸时的设置。"半径折弯标注"选项设置通常用于标注尺寸的圆弧的中心点位于较远位置时。"线性折弯标注"选项用于线性折弯标注设置。

图 1-2-90 "符号和箭头"选项卡

63

3. "文字" 选项卡

"文字" 选项卡用于设置尺寸文字的外观、位置以及对齐方式等，其对话框如图 1-2-91 所示。"文字" 选项卡中，"文字外观" 选项组用于设置尺寸文字的样式等。"文字位置" 选项组用于设置尺寸文字的位置。"文字对齐" 选项组用于确定尺寸文字的对齐方式。

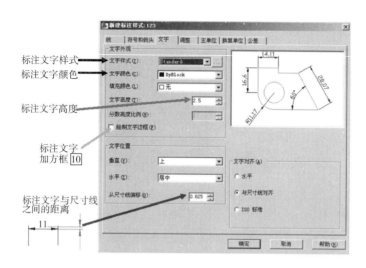

图 1-2-91　"文字" 选项卡

4. "调整" 选项卡

"调整" 选项卡用于控制尺寸文字、尺寸线以及尺寸箭头等的位置和其他一些特征，其对话框如图 1-2-92 所示。

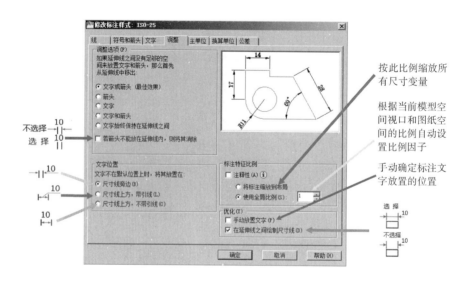

图 1-2-92　"调整" 选项卡

"调整" 选项卡中，"调整选项" 选项组确定当尺寸界线之间没有足够的空间同时放置尺寸文字和箭头时，应首先从尺寸界线之间移出尺寸文字和箭头的哪一部分，用户可通过该选项组中的各单选按钮进行选择。"文字位置"选项组确定当尺寸文字不在默认位置时应将其放在何处。"标注特征比例"选项组用于设置所标注尺寸的缩放关系。"优化"选项组用于设置标注尺寸时是否进行附加调整。

5. "主单位"选项卡

"主单位"选项卡用于设置主单位的格式、精度以及尺寸文字的前缀和后缀，其对话框如图 1-2-93 所示。"主单位"选项卡中，"线性标注"选项组用于设置线性标注的格式与精度。"角度标注"选项组用于确定标注角度尺寸时的单位、精度以及是否消零。

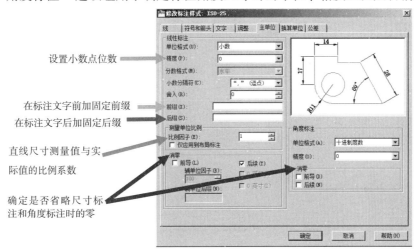

图 1-2-93 "主单位"选项卡

6. "换算单位"选项卡

"换算单位"选项卡用于确定是否使用换算单位以及换算单位的格式，如图 1-2-94 所示。"换算单位"选项卡中，"显示换算单位"复选框用于确定是否在标注的尺寸中显示换算单位。"换算单位"选项组用于确定换算单位的单位格式、精度等设置。"消零"选项组用于确定是否消除换算单位的前导或后续零。"位置"选项组则用于确定换算单位的位置。用户可在"主值后"与"主值下"之间选择。

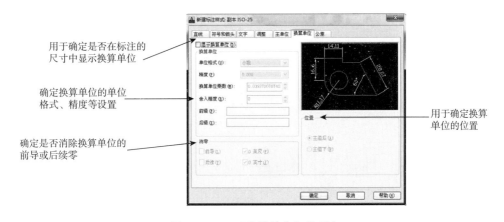

图 1-2-94 "换算单位"选项卡

7. "公差"选项卡

"公差"选项卡用于确定是否标注公差，如果标注公差，则以何种方式进行标注，其选项卡如图 1-2-95 所示。"公差"选项卡中，"公差格式"选项组用于确定公差的标注格式。"换算单位公差"选项组用于确定当标注换算单位时换算单位公差的精度与是否消零。

利用"新建标注样式"对话框设置样式后，单击对话框中的"确定"按钮，完成样式的设置，AutoCAD 返回"标注样式管理器"对话框，单击对话框中的"关闭"按钮关闭对话框，完成尺寸标注样式的设置。

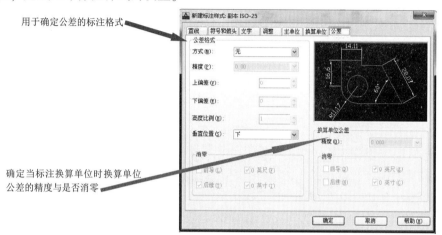

图 1-2-95 "公差"选项卡

（三）尺寸标注

1. 线性标注

线性标注指标注图形对象在水平方向、垂直方向或指定方向的尺寸，又分为水平标注、垂直标注和旋转标注。

水平标注用于标注对象在水平方向的尺寸，即尺寸线沿水平方向放置；垂直标注用于标注对象在垂直方向的尺寸，即尺寸线沿垂直方向放置；旋转标注则标注对象沿指定方向的尺寸。

快捷命令：DLI，或单击"标注"工具栏上的 ⊢⊣（线性）按钮，或选择"标注" > "线性"命令，即执行 DIMLINEAR 命令。

指定第一条尺寸界线原点：

选择对象：

如果在"指定第一条尺寸界线原点或<选择对象>："提示下直接按 Enter 键，即执行"<选择对象>"选项。

2. 对齐标注

对齐标注指所标注尺寸的尺寸线与两条尺寸界线起始点间的连线平行。命令：DIMA-LIGNED。

单击"标注"工具栏上的 ⬉（对齐）按钮，或选择"标注" > "对齐"命令，即执行 DIMALIGNED 命令。

3. 角度标注

角度标注用于标注角度尺寸。命令：DIMANGULAR

单击"标注"工具栏上的 ⟨1⟩（角度）按钮，或选择"标注">"角度"命令，即执行 DIMANGULAR 命令。

4. 直径标注

直径标注用于为圆或圆弧标注直径尺寸。命令：DIMDIAMETER 。

5. 半径标注

半径标注用于为圆或圆弧标注半径尺寸。命令：DIMRADIUS。

6. 弧长标注

弧长标注用于为圆弧标注长度尺寸。命令：DIMARC。

单击"标注"工具栏上的 ⟨弧长⟩ 按钮，或选择"标注">"弧长"命令，即执行 DIMARC 命令。

7. 折弯标注

折弯标注用于为圆或圆弧创建折弯标注。命令：DIMJOGGED。

单击"标注"工具栏上的 ⟨折弯⟩ 按钮，或选择"标注">"折弯"命令，即执行 DIMJOGGED 命令。

8. 连续标注

连续标注指在标注的尺寸中，相邻两个尺寸线共用同一条尺寸界线，如图 1-2-96 所示。命令：DIMCONTINUE。

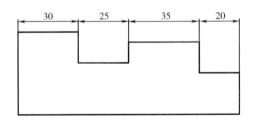

图 1-2-96　连续标注

单击"标注"工具栏上的 ⟨连续⟩ 按钮，或选择"标注">"连续"命令，即执行 DIMCONTINUE 命令。

9. 基线标注

基线标注指各尺寸线从同一条尺寸界线处引出。命令：DIMBASELINE。

单击"标注"工具栏上的 ⟨基线⟩ 按钮，或选择"标注">"基线"命令，即执行 DIMBASELINE 命令。

随堂练习

三视图尺寸标注的练习

图 1-2-97　衣柜三视图

任务五　AutoCAD 的平面绘图和编辑命令综合训练

实践目的：了解并掌握 AutoCAD 常用的平面绘图命令和平面编辑命令的基本功能与作用。

实践内容：综合运用 AutoCAD 常用的平面绘图命令和平面编辑命令进行室内装饰常用图形的绘制与编辑。

实践步骤：请参照以下提纲进行操作。以下图例源文件详见本书附赠电子文件。

（一）练习图形绘制

（1）利用矩形、圆、椭圆、多边形、圆角等命令绘制洗手盆，如图 1-2-98 所示。

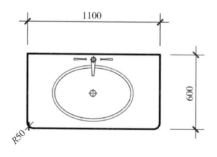

图 1-2-98　洗手盆

（2）利用矩形、镜像、偏移等命令绘制冰箱，如图 1-2-99 所示。

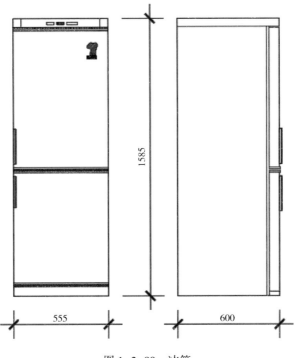

图 1-2-99　冰箱

（3）利用直线、矩形、复制、偏移、标注等命令绘制客厅沙发组合，如图 1-2-100 所示。

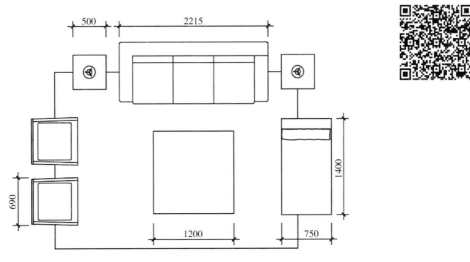

图 1-2-100　客厅沙发组合

（4）利用直线、矩形、复制、偏移、填充、标注等命令绘制客厅折叠门立面图，如图 1-2-101 所示。

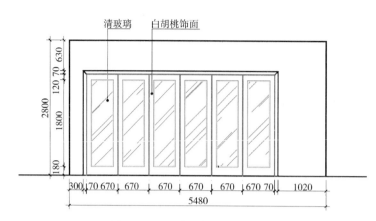

图 1-2-101　客厅折叠门立面图

（5）利用直线、矩形、复制、偏移、标注等命令绘制组合沙发立面图，如图 1-2-102 所示。

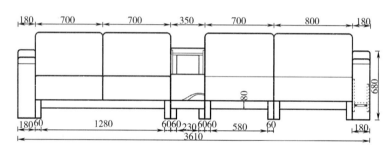

图 1-2-102　组合沙发立面图

（二）平面绘图命令和平面编辑命令的综合运用

综合利用所学知识完成图 1-2-103 所示装饰架的绘制，并进行尺寸标注。

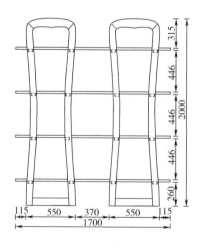

图 1-2-103　装饰架立面图绘制

模块三　家具制图规范

学习目标：掌握 AutoCAD 家具制图的相关规范，掌握《GB/T 14689—2008 技术制图图纸幅面和格式》和《QB/T 1338—2012 家具制图》等相关标准的具体内容。

相关理论：1. 掌握家具制图中关于图纸幅面、图框、标题栏等的相关规范。

2. 掌握家具制图中关于图线、字体、比例的相关规范。

必备技能：1. 能够读懂简单的家具生产加工工艺图纸。

2. 能够进行家具生产工艺图纸常见图形的绘制和表达。

3. 具有运用标准、规范、手册、图册等有关技术的能力。

素质目标：1. 具有较强的标准意识、规范意识，具备利用国家标准指导识图的能力。

2. 具备良好的职业操守、高度的责任感和认真细致的态度，明白细节决定成败的道理。

绘制家具图样就要学习有关制图标准，遵守标准的各项规定。《家具制图》标准内容较多，这里先介绍家具制图的一般规定，其余部分将结合绘图实例进行讲述。

一、图纸幅面、图框和标题栏

为了便于图样管理和图纸的合理使用，《家具制图》标准规定了六种图纸幅面，各种家具图样的幅面都应遵守标准规定的尺寸，图纸幅面见表 1-3-1。

表 1-3-1　　　　　　　　　　　　　　　图纸幅面　　　　　　　　　　　　　　　mm

幅面代号	A0	A1	A2	A3	A4	A5
$B \times L$	841×1189	594×841	420×594	297×420	210×297	148×210
c		10			5	
a			25			

图框格式如图 1-3-1 所示。图纸既可以横放，也可以竖放，但都要画上图框，图框线用粗实线绘制。

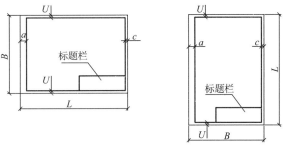

图 1-3-1　图纸的尺寸和格式

71

必要时允许将图纸一边加长，加长量为原长的 1/8 倍数。特别需要可加长两边，加长量分别为原长的 1/8 倍数。

图 1-3-2 所示为国家标准推荐的标题栏参考格式。

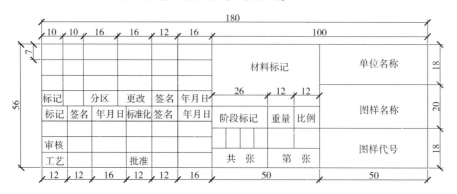

图 1-3-2 标题栏参考格式

二、图线

在家具制图时，为了使所画图形更为清晰、美观，国家标准把图线分为若干种类型和粗细，画图时可以根据所画图形表达的主次关系和用途而选用不同的图线。

图线宽度 b，通常从下列线宽系列中选取：0.13，0.18，0.25，0.35，0.5，0.7，1.0，1.4，2.0mm。每个图样，应根据复杂程度与比例大小，先确定基本线宽 b，再选用表 1-3-2 中适当的线宽。

表 1-3-2   线 宽   mm

线宽比	线宽组					
b	2.0	1.4	1.0	0.7	0.5	0.35
$0.5b$	1.0	0.7	0.5	0.35	0.25	0.18
$0.35b$	0.7	0.5	0.35	0.25	0.18	—

绘制工程建设图时，应选用表 1-3-3 所示的线型。

表 1-3-3   主要线型   mm

名称		线宽	一般通途
实线	粗	b	主要可见轮廓线、剖切符号、局部详图标志、局部详图中连接件简化画法、画框线等
	中	$0.5b$	可见轮廓线、尺寸起止符号、局部详图索引标志等
	细	$0.35b$	可见轮廓线、图例线、尺寸线、尺寸界线、引出线、剖面线、小圆中心线等
虚线	粗	b	局部详图中，连接件外螺纹的简化画法
	中	$0.5b$	不可见轮廓线
	细	$0.35b$	不可见轮廓线、图例线
点划线		$0.35b$	中心线、对称线、回转体轴线、半剖视分界线、可动零部件轨迹线等
双点划线		$0.35b$	假想轮廓线、成型前原始轮廓线、表示可动部分在极限或中间位置时的轮廓线
折断线		$0.35b$	假想断开线、阶梯剖视的分界线
波浪线		$0.35b$	假想断开线、回转体断开线、局部剖视的分界线

图纸的图框线和标题栏线，可采用表1-3-4所示的线宽。

表1-3-4　　　　　　　　　　　图框线、标题栏线的宽度　　　　　　　　　　mm

幅面代号	图框线	标题栏外框线	标题栏分格线
A0，A1	1.4	0.7	0.35
A2，A3，A4	1.0	0.7	0.35

三、字体

工程图样中大量使用汉字、数字、拉丁字母和一些符号，它们是图样的重要组成部分，因此，国家标准对字体也做了严格规定，不得随意书写。文字高度应从2.5，3.5，5，7，10，14，20mm系列中选择。汉字的字高应不小于3.5mm；拉丁字母、阿拉伯数字或罗马数字的高应不小于2.5mm。图样中的汉字应用国家公布的简化汉字，并用长仿宋体，详见表1-3-5所示。拉丁字母、阿拉伯数字、罗马数字可分为直体字和斜体字两种，一般写成斜体字，其中倾斜度为75°。

表1-3-5　　　　　　　　　　　长仿宋体字高、宽关系　　　　　　　　　　mm

字高	20	14	10	5	3.5	2.5
字宽	14	10	7	3.5	2.5	1.8

四、比例

图样中图形与其实物相应要素的线性尺寸之比称为比例。比例采用阿拉伯数字表示。其大小是指比值的大小，如：1：7大于1：10。例如某办公桌桌面实际尺寸为长1400mm，宽700mm，在图样上画成长140mm，宽70mm，图形比例为1：10。反之，若将图形画得比实物放大10倍，则图形比例为10：1。若绘制图形与实物尺寸一致，则图形比例为1：1。

作业与思考

1. 按照本节所学内容，使用AutoCAD软件绘制一个符合制图标准的A3横向图框，图框中须有标题栏。

2. 某家具抽屉实际尺寸为长400mm，宽300mm，在图样上绘制时长200mm，宽150mm，请问此图形比例为多少？

3. 家具图样中，除了要用视图来表示家具的形状及结构，还需要必要的文字说明。请思考这些说明中的汉字、字母、数字有什么要求？

实战演练篇

知识目标： 1. 了解餐厅、卧室、客厅常见家具类型的种类、功能、尺寸等相关知识。

2. 了解并掌握家具设计图纸的分类和画法。

3. 通过图纸对家具产品的外形和结构及相关生产加工工艺图纸有基本了解。

技能目标： 1. 能完成各种典型家具设计产品的三视图、剖视图、详图、轴测图、三维立体图、零部件图的绘制。

2. 能够按照设计意图绘制出符合规范的家具生产加工工艺图纸。

素质目标： 1. 具备职业活动所需要的专业能力及价值观念，注重知识的融会贯通及确立积极的人生态度。

2. 具备发现问题、独立思考的能力，并能将所思、所想落实到行动中，不断在实践中验证、完善、总结、提炼最佳的问题解决之道，以实现自身职业发展的螺旋式上升。

3. 拥有实事求是的学风和创新精神；具有良好的协作精神；认同专注做事、精益求精、力争突破的工匠精神。

4. 具备优良的职业道德修养，能遵守职业道德规范，能自觉保护图纸信息安全。

重　　点： 各类家具设计图纸的识图与绘制。

难　　点： 识图与实际生产的结合。

　　AutoCAD 家具设计图纸是家具生产过程中所依据的图样，通常要求比较详细和精确。它应该包括家具产品的外部形状、内部结构、材料及加工工艺等。设计图具有图纸齐全、表达准确、要求具体的特点，是进行家具生产、工序制定和工时核定的重要依据。

　　家具设计图纸一般包括主视图、左视图、俯视图、剖视图、详图、轴测图、零部件图等。本篇内容从餐厅家具、客厅家具、卧室家具、办公家具等实际案例入手，讲解家具设计图绘制方法，理论结合实际，循序渐进，让读者对家具设计图纸的绘制有一个全面、清晰的了解。

模块一　餐厅家具

餐厅的主要功能是家人用餐、宴请亲友，同时也是家人团聚、交流商谈的地方。餐厅内的主要家具为餐桌、餐椅、餐柜等。

项目一　实木餐桌的绘制

餐桌是家居生活中不可或缺的家具之一。通过本案例的学习，大家可熟悉桌类家具的尺度、连接结构以及设计要求，进一步加强三视图的绘制技巧。

任务一　实木餐桌案例分析与绘图环境设置

学习目标：掌握实木餐桌基本结构与外观尺寸，了解餐桌各零部件的名称。
应知理论：实木餐桌的尺寸，AutoCAD 绘图环境设置。
应会技能：掌握用 AutoCAD 绘制餐桌的基本方法。

一、案例分析

本案例要求绘制如图 2-1-1 所示餐桌的三视图，并进行尺寸标注。主要利用矩形（REC）、复制（CO）、修剪（TR）、移动（M）、圆角（F）、镜像（MI）等命令。

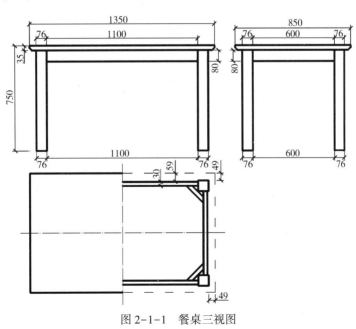

图 2-1-1　餐桌三视图

产品材料：桦木，涂装为原木色清漆。

产品五金配件为 M8×100mm 的双头螺杆连接件，圆木榫定位。

餐桌零部件结构分解、结构设计。

根据图纸设计要求，餐台按照现代实木生产工艺结构有拆装和整装（不拆装）两种方式。该餐桌按照现代实木家具常用的拆装生产工艺进行结构设计，五金配件采用 M8×100mm 的双头螺杆连接件。

餐桌由面板、面下横、角码、餐桌脚等零部件构成；其中，面板、面下横、角码可构成餐桌面部件，M8×100mm 的双头螺杆连接件接合，可拆装。

二、设置绘图环境

（1）打开中文 AutoCAD 2019，新建一个文档。

（2）设置图形界限。单击菜单"格式"＞"图形界限"命令，设置图形界限为"5000×5000"。

（3）设置图形单位。单击菜单"格式"＞"单位"（或输入 UN）命令，打开"图形单位"对话框，设置单位后点击"确定"按钮结束。

（4）创建图层。输入"LA"，创建图层，如图 2-1-2 所示。

①轮廓线图层：颜色黑色，线型连续线，线宽 0.3。

②虚线图层：颜色黑色，线型虚线，线宽默认。

③尺寸标注图层：颜色黑色，线型连续线，线宽默认。

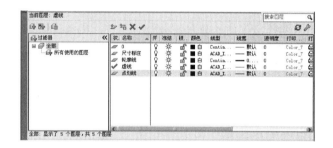

图 2-1-2　图层设置

④点划线图层：颜色黑色，线型点划线，线宽默认。

任务二　实木餐桌三视图绘制

学习目标：掌握实木餐桌三视图的绘制方法，了解实木餐桌三视图中各零部件结合方式。

应知理论：家具结构设计相关理论，AutoCAD 相关命令的运用。

应会技能：能综合餐桌结构与 AutoCAD 相关知识绘制餐桌三视图。

一、绘制实木餐桌主视图

学习任务描述：

将图层切换到"轮廓线"图层，进行实木餐桌主视图的绘制。

1. 绘制桌面

桌面的规格为长 1350mm，宽 850mm，高 35mm。

（1）在命令行输入"REC"，激活"长方形"命令。

命令行提示：

"指定第一个角点或［倒角（C）/标高（E）/圆角（F）/厚度（T）/宽度（W）］："此时通过鼠标在屏幕上捕捉任意一点或在键盘任意输入点作为左下角点；

"指定另一个角点或［面积（A）/尺寸（D）/旋转（R）］："使用相对坐标，输入右上角点为（@1350，35），画出桌面大轮廓。

（2）在命令行输入"CHA"，激活"倒角"命令。

命令行提示：

"CHAMFER

（"修剪"模式）当前倒角距离 1 = 0.0000，距离 2 = 0.0000

选择第一条直线或［放弃（U）/多段线（P）/距离（D）/角度（A）/修剪（T）/方式（E）/多个（M）］：d"此时在命令行输入"d"；

"指定第一个倒角距离 <0.0000>：20"指定倒角距离为 20mm；

"指定第二个倒角距离 <20.0000>："指定倒角距离为 20mm；

"选择第一条直线或［放弃（U）/多段线（P）/距离（D）/角度（A）/修剪（T）/方式（E）/多个（M）］："选择相应线段；

图2-1-3　桌面绘制

"选择第二条直线，或按住 Shift 键选择直线以应用角点或［距离（D）/角度（A）/方法（M）］："选择相应线段。

重复执行"CHA"命令，将餐桌面的另一端进行倒角，绘制结果如图2-1-3所示。

2. 绘制左桌腿

（1）命令行输入"L"，激活"直线"命令。打开对象捕捉，使光标捕捉到桌面下线中心点后（不要点击鼠标），再水平向左在命令行输入 550mm，单击回车确认；以该点为第一点垂直向下画直线，长度为 715mm。

（2）在命令行中输入"O"，激活"偏移"命令，将上一步所画直线向左偏移 76mm，命令行提示如下：

"OFFSET

当前设置：删除源=否　图层=源　OFFSETGAPTYPE=0

指定偏移距离或［通过（T）/删除（E）/图层（L）］<80.0000>：76

选择要偏移的对象，或［退出（E）/放弃（U）］<退出>：

指定要偏移的那一侧上的点，或［退出（E）/多个（M）/放弃（U）］<退出>：

选择要偏移的对象，或［退出（E）/放弃（U）］<退出>："

（3）命令行输入"L"，激活"直线"命令。连接刚才所画两条直线段，形成如图2-1-4所示图形。

图2-1-4　左桌腿绘制

3. 绘制右桌腿

在命令行输入"MI"，激活"镜像"命令。

命令行提示：

"命令：MI MIRROR"

"选择对象："选择已经画好的左桌腿，回车；

命令行提示：

"选择对象：　指定镜像线的第一点：指定镜像线的第二点："鼠标左键点击桌面上线中心点为第一点，下线的中心点为第二点；

"要删除源对象吗？［是（Y）/否（N）］<N>："选择默认，至此完成右桌腿的绘制。

图 2-1-5　右桌腿绘制

形成如图 2-1-5 所示图形。

4. 绘制面下横

（1）命令行输入"O"，激活"偏移"命令。

命令行提示：

"命令：o OFFSET"

"当前设置：删除源=否　图层=源　OFFSETGAPTYPE=0"

"指定偏移距离或［通过（T）/删除（E）/图层（L）］<69>：80"面下横的上线距离面下横的下线尺寸为 80mm；

"选择要偏移的对象，或［退出（E）/放弃（U）］<退出>："选择餐桌面下线，并移动鼠标到该线的下方后点击鼠标左键。

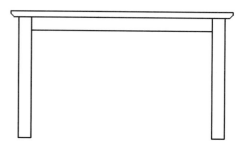

图 2-1-6　面下横的绘制

（2）命令行输入"TR"，激活"修剪"命令，将多余线条修剪掉，形成如图 2-1-6 所示图形。

二、绘制实木餐桌左视图

根据图纸尺寸，我们得知餐桌在左视图的整体进深尺寸为 850mm，造型上只是比主视图在 X 轴方向上进行了缩放，因此，我们可以利用较为简便的方法来实现左视图的绘制。

（1）命令行输入："CO"，激活"复制"命令。

命令行提示：

"命令：CO COPY"选择整个左视图，回车；

"选择对象：

选择对象：

当前设置：　复制模式 = 多个"

命令行提示：

"指定基点或［位移（D）/模式（O）］<位移>：1500"打开对象捕捉，通过鼠标在图纸上捕捉主视图任意一点为基点，沿 X 轴水平向右拖动鼠标，同时输入 1500，回车。

（2）因为餐桌的左视图在造型上只是主视图在 X 轴方向上进行了缩放，所以我们要计算出其缩放的距离（1350－850＝500）。

命令行输入："S"，激活"拉伸"命令。

命令行提示：

"命令：S"

"STRETCH

以交叉窗口或交叉多边形选择要拉伸的对象…

选择对象：指定对角点：找到 8 个"按住鼠标左键，自右向左框选上一步复制得到的图形，如图 2-1-7 所示。

"选择对象：

指定基点或［位移（D）］<位移>：

指定第二个点或 <使用第一个点作为位移>：500"

至此，餐桌左视图绘制完毕，如图 2-1-8 所示。

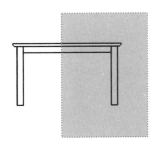

图 2-1-7 框选

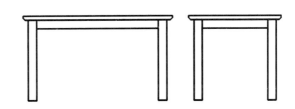

图 2-1-8 餐桌左视图绘制结果

三、绘制实木餐桌俯视图

1. 绘制桌面

（1）在俯视图中，桌面的尺寸为：1350mm×850mm，按照"上下对正，左右对齐"原则自主视图桌面两端向下画辅助线。利用直线和偏移命令绘制出如图 2-1-9所示图形。

（2）将图层切换到"点划线"图层，穿过俯视图餐桌面四边中心点画辅助线。

（3）将图层切换到"虚线"图层，将俯视图餐桌面右半部分绘制出来，形成如图 2-1-10 所示图形。

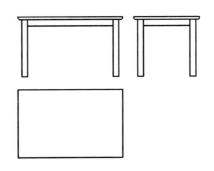

图 2-1-9 直线与偏移命令

2. 绘制桌腿

（1）将图层切换到"轮廓线"图层，以主视图右桌腿垂直向下画辅助线，穿过俯视图桌面；经原图尺寸得知，在左视图中桌腿距离桌面的尺寸为49mm，可以帮助我们确定俯图中桌腿的起始位置。

（2）在确定餐桌腿起始位置后，利用"偏移"命令分别向下、向左偏移76个单位即可得到餐桌腿的俯视图，利用"修剪"命令，将多余线段删除即可，如图2-1-11和图2-1-12所示。

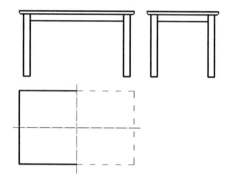

图2-1-10　半剖桌面绘制

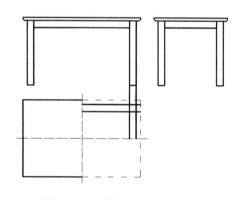

图2-1-11　俯视图餐桌腿位置

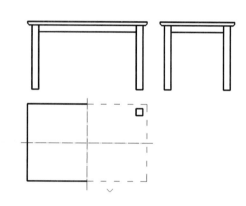

图2-1-12　修剪图形

3. 绘制面下横

通过计算，面下横外轮廓线距离餐桌面四周外轮廓线距离为59mm。

（1）利用"偏移"命令，在俯视图中将餐桌面向内偏移59个单位，如图2-1-13所示。

（2）餐桌面下横厚度为30mm，继续执行"偏移"命令，给出30个单位的偏移量，如图2-1-14所示。

（3）命令行输入"MA"，执行"特性匹配"命令。

命令行提示：

"命令：MA MATCHPROP"

"选择源对象："选择图形中任意一条轮廓线；

"当前活动设置：颜色 图层 线型 线型比例 线宽 透明度 厚度 打印样式 标注 文字 图案填充 多段线 视口 表格材质 阴影显示 多重引线；

选择目标对象或［设置（S）］：指定对角点；

选择目标对象或［设置（S）］：指定对角点；

选择目标对象或［设置（S）］："选择刚才用虚线绘制的面下横。

（4）执行"修剪"命令，将不需要的线段进行修剪。

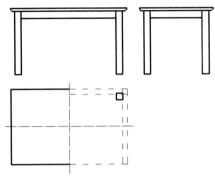

图 2-1-13　俯视图餐桌面下横位置

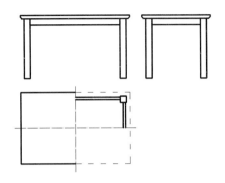

图 2-1-14　俯视图餐桌面下横绘制

4. 绘制角码

（1）执行"直线"命令，在俯视图画一条垂直线，长度为 200mm。

（2）命令行输入："RO"，激活"旋转"命令。

命令行提示：

"RO ROTATE"

"UCS 当前的正角方向：ANGDIR＝逆时针　ANGBASE＝0"

"选择对象："选择刚才绘制直线段；

"指定基点："选择刚才绘制直线段中心点；

"指定旋转角度，或［复制（C）/参照（R）］<45>："该背条逆时针旋转45°，如图 2-1-15 所示。

（3）执行"移动"命令，将上一步所画线段移动到如图 2-1-16 所示位置。

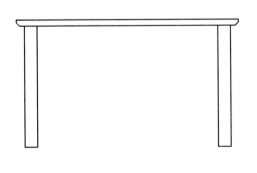

图 2-1-15　旋转命令

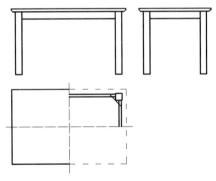

图 2-1-16　移动

（4）执行"偏移"命令，给出角码厚度为 30mm。

（5）执行"修剪"命令，将不需要的线段进行修剪，如图 2-1-17 所示。

（6）执行"镜像"命令，将餐桌俯视图支撑部件进行镜像，获得另一半图形，如图 2-1-18 所示。

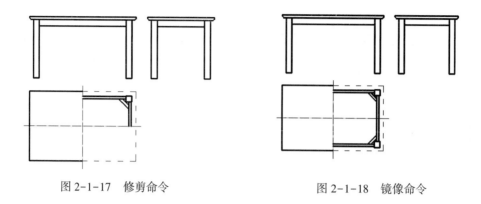

图 2-1-17　修剪命令　　　　　　　　图 2-1-18　镜像命令

四、尺寸标注

将图层切换到"尺寸标注"图层，利用"尺寸标注"命令对绘制的餐桌进行标注，标注尺寸如图 2-1-19 所示。

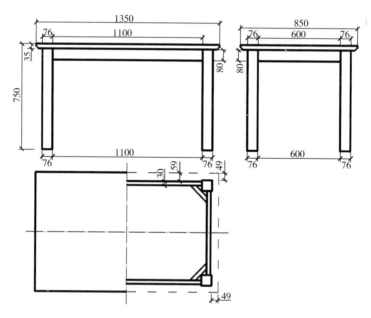

图 2-1-19　餐桌尺寸标注

项目二　实木餐椅的绘制

餐桌、餐椅是家庭、宾馆等场所不可缺少的家具。在设计过程中，既要保证产品美观大方，又要保证简洁实用。通过本案例的学习，大家可熟悉餐椅类家具的尺度、连接结构以及设计要求，进一步提升家具设计中三视图的绘制技巧。

任务一　实木餐椅案例分析与绘图环境设置

学习目标：掌握实木餐椅基本结构方式与外观尺寸，了解餐椅各零部件的名称。
应知理论：实木餐椅的尺寸，AutoCAD 绘图环境设置的方法。
应会技能：能够掌握餐椅的基本尺寸和 AutoCAD 绘图环境设置的方法。

一、案例分析

本案例是在椅子原始造型的基础上按照使用功能要求和美观要求进行设计的。其外观尺寸：446mm（L）×548mm（W）×881mm（H），如图 2-1-20 所示。

产品材料：桦木，涂装为原木色清漆。

产品五金配件为强力拆装连接件、圆木榫。

餐椅零部件结构分解、结构设计。

根据图纸设计要求，餐椅设计按照现代加工工艺结构可分为拆装和整装两种方式，这里按现代实木常用的拆装生产工艺进行结构设计。同时，五金配件采用 φ10×14 的四合一连接件。

餐椅由左右前脚部件、前横、侧下横、座板及后脚等零部件组成；左右前脚部件可分为前脚、侧横；后脚部件可分为后脚、后横、帽头、背条等 12 个零件；结构设计结合方式是圆榫定位，φ10×14 的四合一连接件接合，可拆装。

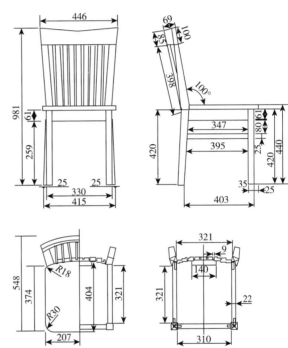

图 2-1-20　餐椅视图

二、设置绘图环境

（1）打开中文 AutoCAD 2019，新建一个文档。

（2）设置图形界限。"图形界限"可以理解为模型空间中一个看不见的矩形框，在 XY 平面内表示能够绘图的区域范围。但值得注意的是图形不能够在 Z 轴方向上定义界限。在命令行输入：limits，则命令行提示：

命令：limits

重新设置模型空间界限：

指定左下角点或［开（ON）/关（OFF）］<0.0000，0.0000>：↙即提示图纸左下角，我们一般默认为（0，0）

指定右上角点 <10000.0000，10000.0000>：10000，10000↙即提示输入右上角的坐

标，我们输入（10000，10000）。

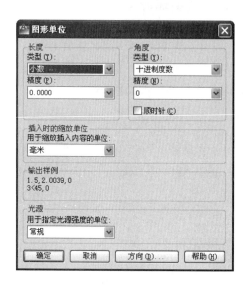

图 2-1-21　图形单位对话框

（3）设置绘图单位。选择"格式"＞"单位"命令或直接输入快捷命令"UN"，可以打开"图形单位"对话框来设置绘图使用的长度单位、角度单位以及单位的显示格式和精度等，如图 2-1-21 所示。在"长度"选项区中的"精度"下拉列表中选择"0"，因为是以毫米为单位，所以不需要再精确到小数点以后，选择"0"后则在命令行中显示坐标等数值时就不会出现小数点，看起来更清晰。

（4）为了绘图方便，设置图层，便于编辑、修改和输出，使图形的各种信息清晰、有序。在命令行输入："LA"，调出"图层特性管理器"对话框，按照图 2-1-22 所示图层特性管理器中设置。

①轮廓线图层：颜色黑色，线型连续线，线宽 0.3。

②虚线图层：颜色黑色，线型虚线，线宽默认。

③标注图层：颜色黑色，线型连续线，线宽默认。

④细实线图层：颜色黑色，线型连续线，线宽默认。

⑤点划线图层：颜色黑色，线型连续线，线宽默认。

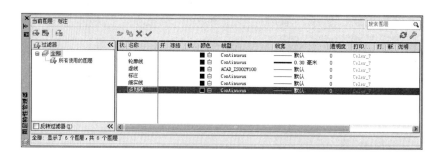

图 2-1-22　图层特性管理器

分析一下我们教室用凳子或椅子的结构，了解其由哪几个零部件组成？各个零部件之间是如何实现结构上的结合的？

❓ 作业与思考

1. 一般情况下，餐椅的常规外观尺寸是多少？

2. AutoCAD 绘图前应怎样设置绘图环境？

任务二　实木餐椅三视图绘制

学习目标：掌握实木餐椅三视图的绘制方法，了解实木餐椅三视图中各零部件的结合方式。

应知理论：家具结构设计相关理论，AutoCAD 相关命令的运用。

应会技能：能综合餐椅结构与 AutoCAD 相关知识绘制餐椅三视图。

一、绘制实木餐椅主视图

将图层切换到"轮廓线"图层；进行实木餐椅主视图的绘制。

1. 绘制左前腿

前腿的规格为长 420mm，宽 35mm。

在命令行输入"REC"，激活"矩形"命令。命令行提示：

"指定第一个角点或［倒角（C）/标高（E）/圆角（F）/厚度（T）/宽度（W）］："此时通过鼠标在屏幕上捕捉任意一点或在键盘任意输入点作为左下角点；

"指定另一个角点或［面积（A）/尺寸（D）/旋转（R）］：@35，420"使用相对坐标，输入右上角点为（@35，420），画出左前腿。

2. 绘制右前腿

使用复制对象工具，或在命令行输入"CO"，激活"复制"命令。命令行提示：

"选择对象："选中刚画好的左前腿，并按回车或空格键；

命令行提示："选择对象：

当前设置：复制模式 = 多个

指定基点或［位移（D）/模式（O）］＜位移＞："指定左前角左下角点为基点，水平向右拖动鼠标（如果"正交"没打开，可以使用快捷键 F8 打开"正交模式"），输入移动距离 345 后回车，复制出右前腿。

3. 绘制前横

前横的规格为长 310mm，高 61mm。

在命令行输入"REC"，激活"长方形"命令。命令行提示：

"指定第一个角点或［倒角（C）/标高（E）/圆角（F）/厚度（T）/宽度（W）］："此时打开对象捕捉，通过鼠标在图纸上捕捉左前腿的右上角点为前横的左上角点；

"指定另一个角点或［面积（A）/尺寸（D）/旋转（R）］：@310，-61"使用相对坐标，输入右下角点为（@310，-61），画出前横。

4. 绘制座面

座面的规格为长 420mm，高 20mm。

（1）在命令行输入"REC"，激活"矩形"命令。命令行提示：

"指定第一个角点或［倒角（C）/标高（E）/圆角（F）/厚度（T）/宽度（W）］："此时打开对象捕捉，通过鼠标在图纸上捕捉左前腿的左上角点为座面的左下角点；

"指定另一个角点或［面积（A）/尺寸（D）/旋转（R）］：@420，20"使用相对坐标，输入右上角点为（@420，20），画出座面。

（2）下一步将座面的中心点在 X 轴方向上移动到与前横的中心点重合的位置。在命令行输入："M"，激活"移动"命令。命令行提示：

"选择对象："选中刚画好的座面，并按回车或空格键；

命令行提示：

选择对象：

图 2-1-23　左、右前腿、前横与座面绘制完成图

指定基点或［位移（D）］<位移>：打开对象捕捉，通过鼠标在图纸上捕捉座面下线的中心点为基点，沿 X 轴水平向左拖动鼠标，通过鼠标捕捉到前横上线的中心点。

绘制结果如图 2-1-23 所示。

5. 绘制左后腿

（1）在命令行输入："L"，激活"直线"命令。命令行提示：

"命令：l LINE 指定第一点："此时打开对象捕捉，通过鼠标在图纸上捕捉左前腿的左下角点为左后腿未被遮盖部分的右下角点；

"指定下一点或［放弃（U）］：16.5"水平向左拖动鼠标，同时输入数值 16.5 后回车；

"指定下一点或［放弃（U）］："通过鼠标在图纸上捕捉到左前腿的左上角点。

（2）继续在命令行输入："L"，激活"直线"命令。命令行提示：

"命令：l LINE 指定第一点："此时打开对象捕捉，通过鼠标在图纸上捕捉左前腿的左上角点在 Y 轴方向上的延长线与座面上线的交点为第一点；

"指定下一点或［放弃（U）］：@-26，341"输入相对坐标（@-26，341），回车。

（3）在命令行输入："M"，激活"移动"命令。命令行提示：

"选择对象："选中刚画好的直线，并按回车或空格键；

命令行提示：

"选择对象："

指定基点或［位移（D）］<位移>："打开对象捕捉，通过鼠标在图纸上捕捉座该直线的中心点为基点，沿 X 轴方向水平向右拖动鼠标，同时输入 40。

（4）再次在命令行输入"L"，激活"直线"命令，连接两条线段顶端的端点即可。

6. 绘制右后腿

在命令行输入"MI"，激活"镜像"命令。命令行提示：

"命令：MI MIRROR"

"选择对象："选择已经画好的左后腿，回车；

命令行提示：

"选择对象：指定镜像线的第一点：指定镜像线的第二点："鼠标左键点击以前横上线的中心点为第一点，下线的中心点为第二点；

"要删除源对象吗？［是（Y）/否（N）］<N>："选择默认，至此完成右后腿的绘制。

7. 绘制帽头

（1）在命令行输入："L"，激活"直线"命令。命令行提示：

"命令：L LINE 指定第一点："此时打开对象捕捉，通过鼠标在图纸上捕捉左后腿的左上角点为帽头的左下角点；

"指定下一点或［放弃（U）］：@-8，100"输入相对坐标：（@-8，100），回车，确定帽头左上交点的位置。

（2）在命令行输入"MI"，激活"镜像"命令。以前横上线的中心点为第一点，下线的中心点为第二点，将刚才绘制的直线进行镜像，确定帽头右上交点的位置。

（3）在命令行输入："L"，激活"直线"命令。以前横上线的中心点为第一点，沿着 Y 轴方向画一条 425mm 的辅助线。

（4）在命令行输入："A"。命令行提示：

"指定圆弧的起点或［圆心（C）］："此时打开对象捕捉，通过鼠标在图纸上捕捉帽头左上角点为起点；

"指定圆弧的第二个点或［圆心（C）/端点（E）］："捕捉辅助线的上端点为第二点；

"指定圆弧的端点："捕捉帽头的右上角点。

（5）在命令行输入"L"，激活"直线"命令。连接帽头下端两点为一条线。

（6）点选辅助线，点击键盘上"Delete"键，删除辅助线。至此完成帽头的绘制，如图 2-1-24 所示。

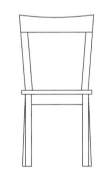

图 2-1-24　左、右后腿以及帽头绘制完成图

8. 绘制餐椅背条

（1）在命令行输入："L"，激活"直线"命令。以座面上线的中心点为第一点，帽头下线的中心点为第二点画辅助线。

（2）在命令行输入："M"，激活"移动"命令。命令行提示：

"选择对象："选中刚画好的辅助线，并按回车或空格键；

命令行提示：

"选择对象：

指定基点或［位移（D）］<位移>："关闭对象捕捉，通过鼠标在图纸上捕捉座该直线的中心点为基点，水平向右拖动鼠标，同时输入 14。

（3）重复执行该命令（默认空格可重复执行上一个命令），选择该辅助线后，水平向左拖动鼠标，同时输入 14，则位于中心线的背条制作完毕。

（4）命令行输入："CO"，激活"复制"命令。命令行提示：

"命令：CO COPY"选择中心线背条，回车。

"选择对象：

选择对象：

当前设置：复制模式 = 多个"

命令行提示：

"指定基点或［位移（D）/模式（O）］<位移>："打开对象捕捉，通过鼠标在图纸上捕捉中心线背条的右下角点为基点，沿 X 轴水平向左拖动鼠标，同时输入 37，回车。

（5）同步骤（4），复制出中心线背条左边的其他 3 根背条。

（6）命令行输入："RO"，激活"旋转"命令。命令行提示：

"RO ROTATE"

"UCS 当前的正角方向：ANGDIR＝逆时针　ANGBASE＝0"

"选择对象："选择中心线背条左边的第一根背条；

"指定基点："选择中心线背条左边的第一根背条的右下角点；

"指定旋转角度，或［复制（C）/参照（R）］<1>："该背条逆时针旋转 1°。

（7）重复执行旋转命令，将上一步操作背条左边的其余 3 根背条依次旋转，其旋转角度分别为：1°、2°、2.5°。

（8）选中与左后腿重叠的背条线，点击"Delete"键，将其删除。

（9）命令行输入："TR"，激活"修剪"命令，删除需要去除的线。

"TR TRIM"

"当前设置：投影＝UCS，边＝延伸"

"选择剪切边…"

命令行提示：

"选择对象或 <全部选择>："选择背条与座面有所相交的线，回车；

命令行提示：

"选择要修剪的对象，或按住 Shift 键选择要延伸的对象，或［栏选（F）/窗交（C）/投影（P）/边（E）/删除（R）/放弃（U）］："鼠标左键点击需要删除的线。

（10）命令行输入："MI"，激活"镜像"命令。命令行提示：

"命令：MI MIRROR"

"选择对象："选择已经画好的左面 4 根背条，回车；

命令行提示：

"选择对象：指定镜像线的第一点：指定镜像线的第二点："鼠标左键点击，以前横上线的中心点为第一点，下线的中心点为第二点；

"要删除源对象吗？［是（Y）/否（N）］<N>："选择默认。至此，完成 9 根背条的绘制，如图 2-1-25 所示。

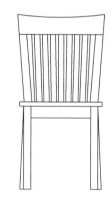

图 2-1-25　背条绘制完成图

❓ 作业与思考

1. 画出教室用凳或椅的主视图。

2. 思考主视图与左视图的尺寸关系。

3. 尝试使用 AutoCAD 的其他命令绘制上述餐椅的主视图。

二、绘制实木餐椅左视图

根据"上下对正，左右对齐"的画法几何原则，画出左视图。画图时开启"正交"模式，将方便得到结果。

在画左视图前，我们需要运用直线命令，打开对象捕捉和正交模式，分别从主视图帽头顶端、后腿顶端、座面上下线、前横下线、前腿下线向右作辅助线。

在距离主视图左边一定的位置处，从上至下画一条直线，使其与刚才所画的6条辅助线相交。

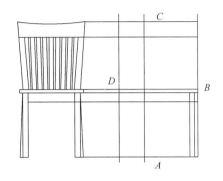

图 2-1-26　左视图辅助线、绘图框绘制

根据图纸尺寸，我们得知餐椅在左视图的整体尺寸为548mm，因此，我们将刚才所绘的直线沿水平方向向右复制出518个单位（后加拉伸出30个单位）。这样，我们就得到了左视图的绘图框，它是在外围上由 A、B、C、D 四条线段组成的长方形，如图 2-1-26 所示。

1. 绘制前腿

前腿的规格在左视图尺寸依然为长：420mm，厚：35mm。

（1）在命令行输入"REC"，激活"矩形"命令，绘制一个 35mm×420mm 的矩形。

（2）在命令行输入"M"，将左前腿沿 X 轴方向水平向左移动 25 个单位，确定前腿位置。

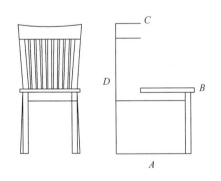

图 2-1-27　前腿、座面绘制完毕

2. 绘制座面

根据图纸尺寸，座面在左视图的显示深度为373mm。

（1）在命令行输入"CO"，将"左视图绘图框" B 线段沿水平方向向左复制出 373 个单位，从而确定座面深度。

（2）为了制图方便和视觉上的明确性，我们需要及时对图纸进行编辑。在命令行输入"TR"，选中整个左视图框，将多余的辅助线进行修剪，使其形成图 2-1-27 所示图形。

3. 绘制后腿

根据图纸尺寸，我们得知在左视图中后腿前线距前腿前线距离为378mm，其倾斜度为水平向左。

（1）可以利用"直线"命令或者"复制"命令来确定餐椅后腿前线的基点。方法是：命令行输入："CO"，激活"复制"命令。

将餐椅前腿沿 X 轴水平方向向左复制 378 个单位；或者以餐椅前腿右下角点为第一点（打开正交模式），沿 X 轴水平方向向左画出 378 个单位即可。

（2）接着，我们确定后腿的倾斜角度，在命令行输入"L"，激活"直线"命令。以刚才确定的点为第一点，以左视图中座面的左下角点为第二点连线。

（3）命令行输入"RO"，命令行提示：

"RO ROTATE"

"UCS 当前的正角方向：ANGDIR＝逆时针　ANGBASE＝0"

命令行提示：

"选择对象："选择左视图座面上线；

"指定基点："选择该直线段左端点；

"指定旋转角度，或［复制（C）/参照（R）］c："选择"C"为复制源对象后再旋转，因为源对象为我们左视图的座面，需要保留；

"指定旋转角度，或［复制（C）/参照（R）］100"输入旋转角度：100。

（4）命令行输入"CO"，对刚才所绘两条直线沿 X 轴水平方向向左复制出 40 个单位，作为后腿椅坐下面部分的深度。

（5）接着我们确定餐椅左视图后腿椅坐上面部分的深度。在命令行输入"L"，激活直线命令。命令行提示：

" 命令：L LINE 指定第一点："以刚才复制直线段的上端点为第一点；

"指定下一点或［放弃（U）］：@－62，461"输入相对坐标为（@－62，461），这样餐椅左视图中整个后腿部分则制作完毕。

4. 绘制侧横

侧横的绘制相对就很简单了，我们只需要将左视图中主视图侧横的延伸线与后腿交接后多余出来的部分进行剪切就可以了。

5. 绘制侧下横

根据图纸尺寸得知，在左视图中侧下横的上线距离侧横的下线尺寸为 78mm，侧下横的宽度为 25mm。

（1）在命令行输入"O"，激活"偏移"命令。命令行提示：

"命令：o OFFSET"

"当前设置：删除源＝否　图层＝源　OFFSETGAPTYPE＝0"

"指定偏移距离或［通过（T）/删除（E）/图层（L）］<69>：78"侧下横的上线距离侧横的下线尺寸为 78mm；

"选择要偏移的对象，或［退出（E）/放弃（U）］<退出>："选择餐椅左视图侧横的下线，并移动鼠标到该线的下方后点击鼠标左键。

（2）再次在命令行输入"O"，将刚才偏移好的直线段继续向下偏移 25 个单位。

（3）命令行输入"EX"，激活"延伸"命令。命令行提示：

"命令：ex EXTEND"

"当前设置：投影＝UCS，边＝延伸"

"选择边界的边……"

"选择对象或 <全部选择>："选择餐椅左视图后腿前线后回车；

命令行提示：

"选择对象："

"选择要延伸的对象，或按住 Shift 键选择要修剪的对象，或

［栏选（F）/窗交（C）/投影（P）/边（E）/放弃（U）］："运用鼠标自右向左框选侧下横，至此完成侧下横的绘制。

（4）为了制图方便和视觉上的明确性，我们需要对图纸进行编辑。在命令行输入"TR"，选中整个左视图框，将多余的辅助线进行修剪，使其形成图 2-1-28 所示图形。

6. 绘制帽头

根据图纸尺寸得知，帽头部分在左视图的深度为 69 mm。

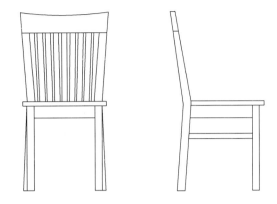

图 2-1-28　后腿、侧横、侧下横绘制完毕

（1）命令行输入"CO"，激活"复制"命令。将餐椅左视图中的后腿前线沿 X 轴水平向左复制 69 个单位。

（2）命令行输入"L"，继续在主视图帽头上沿曲线最低端向左视图画辅助线，与刚才复制的直线相交。

（3）命令行输入"L"，在帽头右上角点与上一步所画交点之间连线。

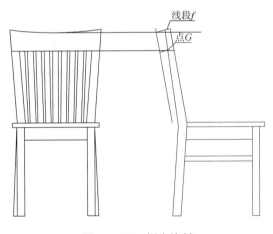

图 2-1-29　帽头绘制

（4）命令行输入"L"，激活"直线"命令。命令行提示：

"命令：L LINE 指定第一点："指定"第二步所画交点"为第一点；

"指定下一点或［放弃（U）］：@ 17，-83"输入相对坐标（@ 17，-83）。

（5）命令行输入"CO"，激活"复制"命令。将图 2-1-29 中线段 f 向下复制到点 G 处。

（6）命令行输入"EX"，激活"延伸"命令。将刚才复制的直线段延伸至帽头右端的线段。绘制结果如图 2-1-29 所示。

（7）命令行输入"TR"，激活"修剪"命令，将多余线条修剪掉。

（8）点选修剪不掉的直线段以及文字等，执行删除命令。

至此，餐椅左视图帽头部分绘制完毕，结果如图 2-1-30 所示。

7. 绘制背条

（1）命令行输入"CO"，激活"复制"命令。将图 2-1-31 中线段 A-B 沿 X 轴水平方向向右复制 19 个单位，到点 n 处。

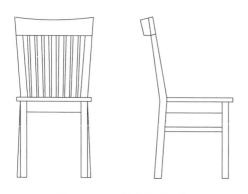

图 2-1-30　帽头绘制完毕

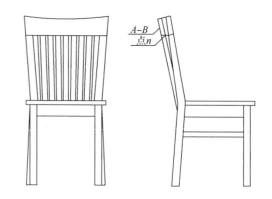

图 2-1-31　背条绘制过程

（2）命令行输入"L"，激活"直线"命令。命令行提示：

"命令：l LINE 指定第一点："以点 n 为第一点；

"指定下一点或［放弃（U）］：@46，-203"，输入相对坐标（@46，-203）。

（3）命令行输入"EX"，激活"延伸"命令。将线段 A-B 延伸至后腿的后线上。

（4）命令行输入"TR"，将多余线条修剪掉。

（5）点选修剪不掉的直线段以及文字等，执行删除命令。

至此，背条绘制完成。

8. 拉伸左视图

在命令行输入"S"，激活"拉伸"命令。命令行提示：

"命令：s STRETCH"

"以交叉窗口或交叉多边形选择要拉伸的对象…"

图 2-1-32　拉伸完毕

"选择对象："选择左视图中除帽头、后腿、背条外的全部实体，回车；

命令行提示：

"指定基点或［位移（D）］＜位移＞："以刚才选中实体的任意一点为基点；

"指定第二个点或＜使用第一个点作为位移＞：＜正交 关＞＜正交 开＞30"拖动鼠标沿 X 轴水平方向向右移动，打开正交模式，输入30。

至此，左视图绘制完毕，如图 2-1-32 所示。

? **作业与思考**

1. 画出教室用凳或椅的左视图。

2. 思考辅助线的灵活运用法则。

3. 尝试使用 AutoCAD 的其他命令绘制上述餐椅的左视图。

三、绘制实木餐椅俯视图

根据"上下对正，左右对齐"的画法几何原则，结合左视图与主视图画出俯视图。画图时开启"正交"模式将方便得到结果。为了绘图方便，设置"细实线"图层为当前图层。

在画俯视图前，我们需要运用直线命令，打开对象捕捉，分别从前视图帽头左右两端、座面左右两端、右前腿左右两端、右后腿右端向下作辅助线。

在距离主视图下边一定的位置处，从左至右画一条直线，使其与刚才所画的 7 条辅助线相交。

根据图纸左视图尺寸，我们得知餐椅的整个深度为548mm，因此，我们执行"复制"命令，将刚才所绘辅助线沿 Y 轴方向垂直向下复制出 548 个单位，至此，"俯视图范围框"制作完毕。

设置"点划线"图层为当前图层，运行"直线"命令，分别通过该线框上下两条直线段的中心点后画线，绘制结果如图 2-1-33 所示。

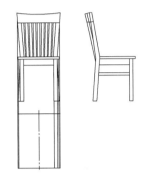

图 2-1-33 俯视图范围框

1. 绘制座面

打开"图层特性管理器"对话框，设置"轮廓线"图层为当前图层。

在俯视图中，为了更为清晰地表达餐椅的结构，往往采取以餐椅正中心为基线的半剖式绘图法。

（1）在命令行输入"CO"，激活"复制"命令。将"俯视图范围框"下端直线段沿 Y 轴方向垂直向上复制出 373 个单位。（命令：略）

（2）重复在命令行输入"CO"，将刚才所绘制直线段继续沿 Y 轴方向垂直向上复制出31 个单位。

（3）在命令行输入"ARC"，激活"圆弧"命令。命令行提示：

"命令：ARC 指定圆弧的起点或［圆心（C）］:"指定 A 点；

"指定圆弧的第二个点或［圆心（C）/端点（E）］:"指定 B 点，或者输入相对坐标：（@-103，6）；

"指定圆弧的端点:"指定 C 点，或者输入相对坐标：（@-103，11）。

（4）重复在命令行输入"ARC"，激活"圆弧"命令。命令行提示：

"命令：ARC 指定圆弧的起点或［圆心（C）］:"指定 C 点；

"指定圆弧的第二个点或［圆心（C）/端点（E）］:"，指定 D 点，或者输入相对坐标：（@-4，169）；

"指定圆弧的端点:"指定 E 点，或者输入相对坐标：（@14，186）。

（5）再次在命令行输入"ARC"，激活"圆弧"命令。命令行提示：

"命令：ARC 指定圆弧的起点或［圆心（C）］:"指定 E 点；

"指定圆弧的第二个点或［圆心（C）/端点（E）］:"指定 F 点，或者输入相对坐标：（@97，24）；

"指定圆弧的端点:"指定 G 点，或者输入相对坐标：（@99，7）。

绘制结果如图 2-1-34 所示。

（6）在命令行输入"F"，激活"倒圆角"命令，回车。命令行提示：

"命令：f FILLET"

当前设置：模式 = 修剪，半径 = 30"

"选择第一个对象或［放弃（U）／多段线（P）／半径（R）／修剪（T）／多个（M）］："r（输入 r）"指定圆角半径 <30>："输入倒圆角的半径为 30；

"选择第一个对象或［放弃（U）／多段线（P）／半径（R）／修剪（T）／多个（M）］："选择弧线$\overset{\frown}{ABC}$和弧线$\overset{\frown}{CDE}$。

（7）重复在命令行输入"F"，回车，将弧线$\overset{\frown}{EFG}$与弧线$\overset{\frown}{CDE}$之间的夹角导成半径为 18mm 的圆角。

至此，座面绘制完毕，如图 2-1-35 所示。

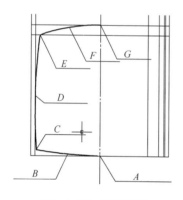

图 2-1-34　座面绘制

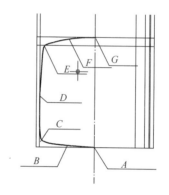

图 2-1-35　座面绘制完毕

2. 绘制左后腿和帽头

打开"图层特性管理器"对话框，设置"细实线"为当前图层。

（1）在命令行输入"O"，激活"偏移"命令。将"俯视图范围框"下线沿 Y 轴垂直向上偏移 464 个单位，形成直线段 A-B。

（2）自主视图 I、J、K 分别向俯视图画辅助线，分别与直线段 A-B 交于 A′点，与餐椅外轮廓交于 B′点、C′点，为便于识别，找到"图层特性工具栏"＞"颜色控制"，将这三条辅助线改为"红色"。

（3）在命令行输入"L"，分别以图 2-1-36 中 A′点为第一点，C′点为第二点画直线。

（4）在命令行输入"CO"，激活"复制"命令。将所绘直线以 C′点为基点复制到 B′点上，如图 2-1-36 所示。

（5）在命令行输入"EX"，激活"延伸"命令，延伸直线段 A′C′至"俯视图范围框"左端线段中。

（6）在命令行输入"MI"，激活"镜像"命令，将刚才延伸后的直线段以点划线为轴进行镜像。

（7）在命令行输入"ARC"，激活"圆弧"命令，依次指定 X 点、Y 点、Z 点画弧。

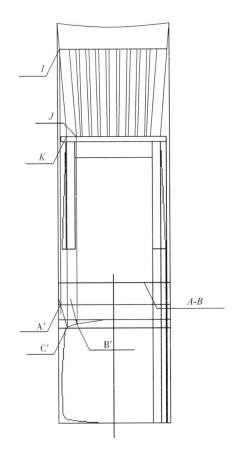

图 2-1-36 后腿绘制过程

（8）在命令行输入"TR"，激活"剪切"命令，将点划线右边的弧线剪切掉。

（9）根据左视图尺寸，帽头深度为 24mm。在命令行输入"CO"，激活"复制"命令。将弧线 $\overset{\frown}{XY}$ 沿 Y 轴垂直向下复制 24 个单位。

（10）重复在命令行输入"CO"，将刚才复制的弧线以 N 点为基点沿 Y 轴垂直向下复制 13 个单位到 M 点上，如图 2-1-37 所示。

（11）再次在命令行输入"TR"，将多余的弧线剪切掉。

（12）选择不需要的辅助线，执行删除命令，至此，左后腿、帽头绘制完毕，如图 2-1-38 所示。

3. 绘制后横、背条

打开"图层特性管理器"对话框，设置"细实线"为当前图层。

自主视图左边起第一根背条上端两侧与下端两侧分别向俯视图画投影辅助线。为便于识别，找到"图层特性工具栏" > "颜色控制"，将辅助线改为"红色"；打开"图层特性管理器"对话框，设置"实线"为当前图层。

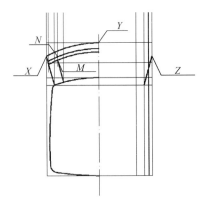

图 2-1-37 帽头绘制过程

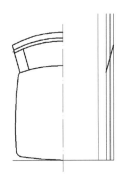

图 2-1-38 后腿、帽头绘制完毕

（1）在命令行输入"L"，连接主视图背条在俯视图上的相对应投影，绘制结果如图 2-1-39 所示。

（2）重复之前操作，依次画出每根背条。

（3）在命令行输入"CO"，将餐椅俯视图中座面上沿弧线沿 Y 轴垂直向上复制 18 个单位。

（4）在命令行输入"TR"，将刚才复制的弧线的多余部分剪掉。

（5）继续在命令行输入"CO"，将餐椅俯视图中座面上线沿 Y 轴垂直向上复制 8 个单位。

（6）继续在命令行输入"TR"，将刚才复制的弧线的多余部分、背条的多余部分剪掉。

（7）选择不需要的辅助线，执行删除命令。至此，背条、后横绘制完毕，如图 2-1-40 所示。

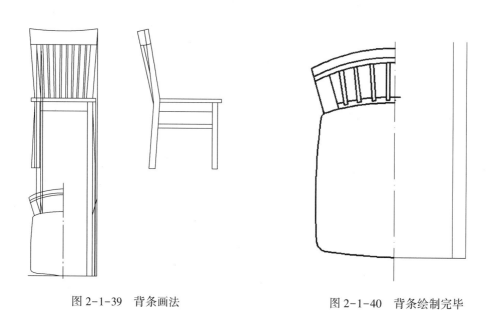

图 2-1-39　背条画法　　　　　　　　　图 2-1-40　背条绘制完毕

4. 绘制半剖前腿

选中自"主视图"右前腿延伸至"俯视图"的两条辅助线，找到"图层特性工具栏" > "颜色控制"，将辅助线改为"红色"。

（1）命令行输入"REC"，激活"矩形"命令。命令行提示：

"命令：REC RECTANG"

"指定第一个角点或［倒角（C）/标高（E）/圆角（F）/厚度（T）/宽度（W）］："点击鼠标，以 A 点为第一交点；

"指定另一个角点或［面积（A）/尺寸（D）/旋转（R）］：@-35,35"输入相对坐标（@-35,35）。

（2）命令行输入"M"，激活"移动"命令。将刚才绘制的正方形沿 Y 轴垂直向上复制出 18 个单位。至此，半剖视图前腿绘制完毕，如图 2-1-41 所示。

5. 绘制半剖前横

（1）命令行输入"REC"，命令行提示：

"命令：REC RECTANG"

"指定第一个角点或［倒角（C）/标高（E）/圆角（F）/厚度（T）/宽度

（W）］："点击鼠标，以 A 点为第一交点；

"指定另一个角点或［面积（A）/尺寸（D）/旋转（R）］：@-155，22"输入相对坐标（@-155，22）。

（2）命令行输入"M"，激活"移动"命令。打开"对象捕捉"，选择刚才绘制的长方形，以长方形右端线中心点为基点，以俯视图前腿左端线中心点为目标点进行移动。至此，半剖视图前横绘制完毕，绘制结果如图 2-1-42 所示。

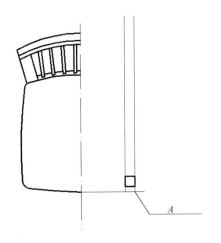

图 2-1-41 半剖前腿绘制

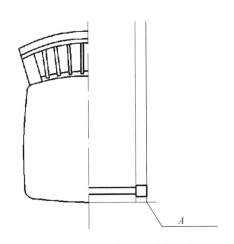

图 2-1-42 半剖前横绘制完毕

6. 绘制半剖侧横

（1）命令行输入"RO"，激活"旋转"命令。选择俯视图前横上直线段 BC，以 C 点为基点进行旋转，输入旋转角度为-89°。

（2）命令行输入"M"，激活"移动"命令。将刚才旋转所得的直线段以 C 点为基点，移动到俯视图前腿上线的中心点上。（命令：略）

（3）命令行输入"O"，激活"偏移"命令。将刚才移动后的直线段在其左右两边各偏移出 11 个单位，如图 2-1-43 所示。

（4）命令行输入"MI"，激活"镜像"命令，将俯视图座面后沿以点划线为轴线镜像。

（5）命令行输入"EX"，激活"延伸"命令，延伸俯视图侧横至镜像后的座面后线处。

（6）选中侧横中间辅助线，执行删除命令。至此，侧横绘制完毕，如图 2-1-44 所示。

7. 绘制半剖后横

（1）命令行输入"MI"，激活"镜像"命令。选择"俯视图"点划线左半部分中

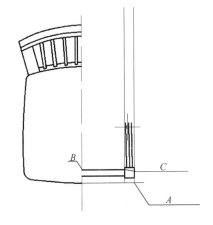

图 2-1-43 侧横绘制过程

的"后横""背条""后腿"，以点划线为轴线进行镜像。

（2）命令行输入"CO"，激活"复制"命令。将弧线$\overset{\frown}{AB}$沿 Y 轴垂直向上复制 14 个单位。

（3）命令行输入"TR"，将不需要的线段进行剪切。

（4）选中两条辅助线，执行删除命令。至此，餐椅半剖视图后横绘制完毕，如图 2-1-45 所示。

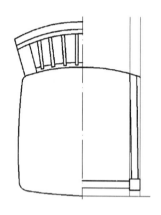

图 2-1-44　侧横绘制完毕

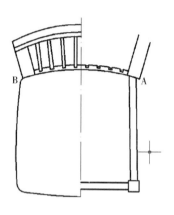

图 2-1-45　餐椅半剖视图后横绘制完毕

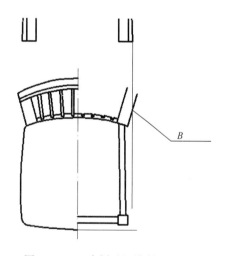

图 2-1-46　半剖后腿绘制过程（1）

8. 绘制半剖后腿

打开"图层特性管理器"对话框，设置"细实线"为当前图层。

自"主视图"右后腿的右下角点向俯视图画投影辅助线，与镜像过来的后腿相交于点 B。为便于识别，找到"图层特性工具栏"＞"颜色控制"，将辅助线改为"红色"，如图 2-1-46 所示。

打开"图层特性管理器"对话框，设置"实线"为当前图层。

（1）命令行输入"L"，激活"直线"命令。打开"对象捕捉"，以 B 点为第一点，以该线在"半剖后腿"左端线的"垂足"点为第二点画直线。

（2）因为后腿存在一定的倾斜角，在半剖俯视图是可见的，所以我们也需要将它绘制出。命令行输入"O"，激活"偏移"命令。将刚才绘制的直线段在其上下两侧分别偏移出 39 个单位和 21 个单位。

（3）命令行输入"L"，激活"直线"命令。以 A 点为第一点，C 点为第二点连线，如图 2-1-47 所示。

（4）命令行输入"EX"，激活"延伸"命令。将后腿左端线延伸至后腿上端线上。

（5）命令行输入"TR"，将不需要的线段剪掉。至此，半剖后腿绘制完毕，如图 2-1-48 所示。

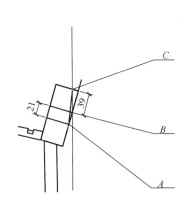

图 2-1-47　半剖后腿绘制过程（2）

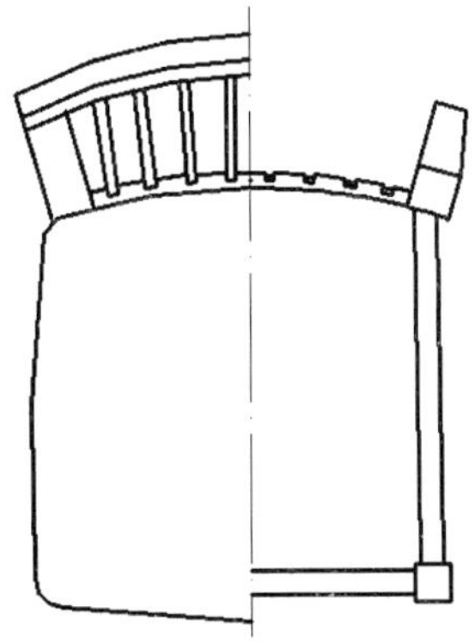

图 2-1-48　餐椅半剖后腿绘制完毕

9. 绘制半剖座托

为便于识图，打开"图层特性工具栏"＞"颜色控制"，将颜色改为"红色"。

（1）在命令行输入"L"，以点 A 为第一点，沿着红色线方向画直线，依次输入距离为：28，70，25，如图 2-1-49 所示。

（2）选择图 2-1-49 中"28"标注对应的直线段，执行删除命令，删掉辅助线段。

（3）选择刚才绘制的直线段，打开"图层特性工具栏"＞"颜色控制"，将颜色改为"黑色"。至此，半剖座托绘制完毕，如图 2-1-50 所示。将半剖视图左侧镜像到右侧即为俯视图。

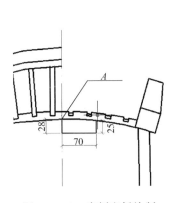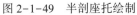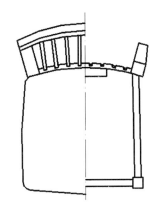

图 2-1-49　半剖座托绘制

图 2-1-50　半剖座托绘制完毕

？作业与思考

1. 画出教室用凳或椅的俯视图及半剖视图。

2. 尝试使用 AutoCAD 的其他命令绘制上述餐椅的俯视图。

任务三　餐椅全剖视图绘制

学习目标： 掌握餐椅全剖视图的绘制，灵活运用辅助线和"正交"模式绘制图形。

应知理论： "上下对正，左右对齐"的画法几何原则，AutoCAD 相关命令的运用，餐椅结构理论。

应会技能： 能综合餐椅结构与 AutoCAD 相关知识绘制餐椅全剖视图。

全剖视图的绘制相对来说较为简便，我们只需要将图 2-1-49 中的半剖部分进行镜像，并添加木材断面符号、四合一连接件位置即可。

（1）选择图 2-1-50 中点划线左半部分，执行删除命令。

（2）执行"镜像"命令，以点划线为轴线镜像。

（3）执行"直线"命令，连接各腿对角线，此为木材断面标志。

（4）命令行输入"LA"，打开"图层特性管理器"，将"虚线"图层设置为当前图层。

（5）命令行输入"REC"，以任意一点为第一点，第二点为相对坐标（@36,8）绘制矩形。为便于识图，我们再次打开"图层特性工具栏"，将刚才绘制的长方形设置为红色。

（6）在命令行输入"M"，以上一步所画矩形右端线中点为基点，俯视图前腿左端线中点为目标点进行移动。

（7）在命令行输入"M"，以该矩形右端线中点为基点，沿 *X* 轴方向水平向右移动 16 个单位。

（8）在命令行输入"RO"，以该矩形右上角点为基点，复制旋转-90°。

（9）在命令行输入"M"，移动旋转后图像的位置，使其如图 2-1-51 所示。

（10）在命令行输入"CO"，复制一个红色矩形到后腿处。

（11）利用"旋转"和"移动"命令确定红色矩形的位置和角度。

（12）选择所有红色矩形，在"图层特性工具栏"中修改颜色为"黑色"。再次选择上一步中选择的矩形，以点划线为轴线执行镜像命令。至此，全剖视图绘制完毕，如图 2-1-52 所示。

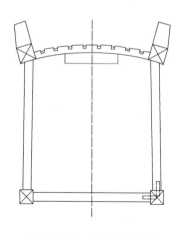

图 2-1-51　绘制全剖视图

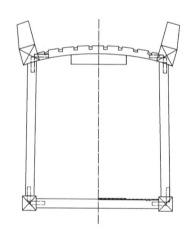

图 2-1-52　绘制完毕

作业与思考

1. 画出教室用凳或椅的全剖视图。
2. 尝试使用 AutoCAD 的其他命令绘制上述餐椅的全剖视图。

项目三 实木餐柜的绘制

餐柜是家居生活中常见的家具之一。学习本案例，使大家熟悉餐柜的尺度、连接结构以及设计要求，进一步加强家具设计中三视图的绘制技巧。

任务一 实木餐柜案例分析与绘图环境设置

学习目标：掌握实木餐柜基本结构与外观尺寸，了解餐柜各零部件的名称。
应知理论：实木餐柜的尺寸，常见榫卯结构形式，AutoCAD 绘图环境设置的方法。
应会技能：掌握用 AutoCAD 绘制餐柜的基本方法。

一、案例分析

本案例是采用榫卯结构的硬木家具，采用传统家具的造型和结构进行设计，同时满足新的功能需求。外观尺寸如图 2-1-53 所示：1550mm（L）×400mm（W）×890mm（H）。

产品材料：硬木类。涂装：透明清漆。结构：榫卯结构。

本任务要求绘制餐柜的三视图，并进行尺寸标注。

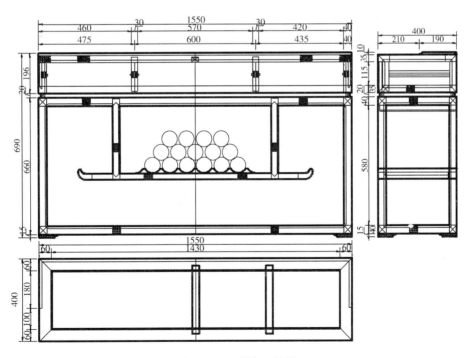

图 2-1-53 餐柜三视图

二、设置绘图环境

（1）设置图形界限。在"格式"菜单下点击"图形界限"，根据图纸尺寸大小，设置图形界限"5000×5000"。

（2）设置图形单位。执行"单位（UN）"命令，将长度单位的类型设置为小数，精度设置为0，其他使用默认值，如图2-1-54所示。

（3）设置图层。执行"图层（LA）"命令，为方便绘图，便于编辑、修改和输出，设置以下图层：轮廓线（0.30mm），细实线（0.13mm），虚线（0.13mm），填充（0.05mm），尺寸标注（0.15mm），如图2-1-55所示。

（4）设置标注样式。执行"标注（D）"命令，对标注样式进行设置。

图2-1-54 设置单位

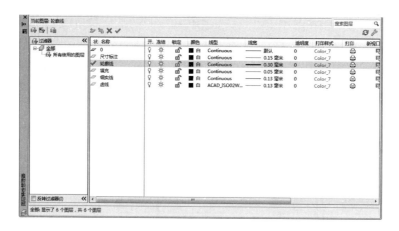

图2-1-55 设置图层

任务二　实木餐柜三视图绘制

学习目标：掌握实木餐柜三视图的绘制方法，了解实木餐柜三视图中各零部件结合方式。
应知理论：家具结构设计相关理论，AutoCAD 相关命令的运用。
应会技能：能综合实木餐柜结构与 AutoCAD 相关知识绘制餐柜三视图。

一、绘制实木餐柜主视图

（1）将图层切换到"轮廓线"图层，进行绘制。
（2）执行"直线 L"命令，绘制如图2-1-56所示图形。

（3）执行"直线 L"命令，在上一个绘制的图形下方绘制一条长 20mm 的直线。执行"移动 M"命令，往右移动 10mm，如图 2-1-57 所示。

（4）执行"直线 L"命令，绘制如图 2-1-58 所示图形。

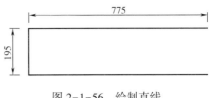

图 2-1-56　绘制直线

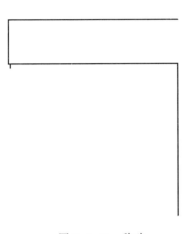

图 2-1-57　移动

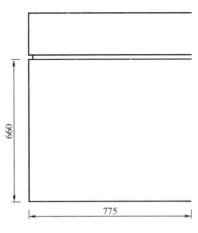

图 2-1-58　添加直线

（5）执行"偏移 O"命令，刚刚修剪完的图形依次往里偏移 30,40mm。使用"倒角 F"命令，依次在偏移图形左上角和左下角倒为半径 R 为 20,10mm 的圆角，如图 2-1-59 所示。

（6）执行"矩形 REC"命令，在此矩形左上角绘制一个尺寸为 35mm×390mm 的矩形。使用"移动 M"命令，往下移动 5mm，接着往右移动 365mm，如图 2-1-60 所示。

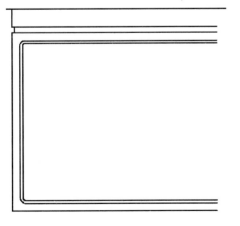

图 2-1-59　倒角

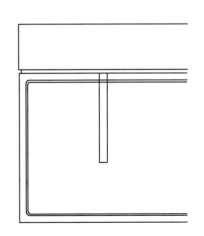

图 2-1-60　绘制矩形并移动

（7）执行"直线 L"命令，重新绘制一条中心线。找到上一个绘制的矩形与此中心线的交点，如图 2-1-61 所示。往左绘制一条长 540mm 的直线，使用"偏移 O"命令往上偏移 30mm，接着往左拉长 5.4mm，如图 2-1-62 所示。

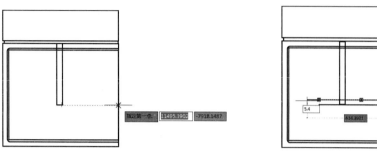

图 2-1-61 添加线 图 2-1-62 拉伸线

（8）执行"矩形 REC"命令，绘制一个尺寸为 40mm×50mm 的矩形。使用"移动 M"命令，移动到图 2-1-63 所示的位置。使用"样条曲线 SPL"命令，在此矩形内绘制一条如图 2-1-64 所示的样条曲线，然后将矩形删除。

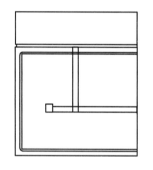
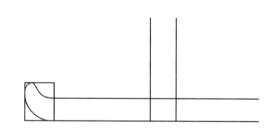

图 2-1-63 添加矩形并移动 图 2-1-64 绘制样条曲线

（9）执行"矩形 REC"命令，绘制一个尺寸为 85mm×21.7mm 的矩形。绘制一个两边长均为 10mm 的直角，使用"倒角 F"命令，倒为半径 R 为 10mm 的圆角，使用"旋转 RO"命令选择此圆角逆时针旋转 45°，使用"移动 M"命令移动圆弧至矩形内上方中心点，如图 2-1-65 所示。使用"圆弧 A"命令在矩形左下角绘制一条 54° 圆弧至上一条绘制的圆角，接着使用"镜像 MI"命令选择圆弧镜像，选中矩形中心点镜像到矩形右边，如图 2-1-66 所示。

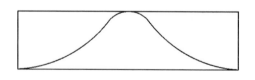

图 2-1-65 移动圆弧 图 2-1-66 镜像圆弧

（10）执行"移动 M"命令，把上一个绘制的图形移动到如图 2-1-67 所示位置。使用"删除 Delete"命令把圆弧外的矩形删除，接着往右移动 77.5mm，如图 2-1-68 所示。使用"复制 CO"命令，选中圆弧依次往右复制 4 个，如图 2-1-69 所示。

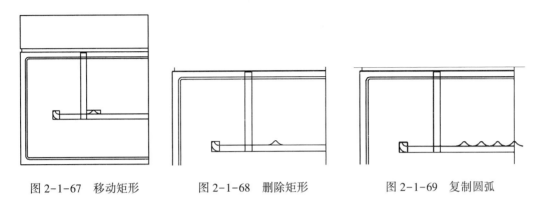

图 2-1-67　移动矩形　　　　图 2-1-68　删除矩形　　　　图 2-1-69　复制圆弧

（11）执行"修剪 TR"命令，把整个图形修剪成如图 2-1-70 所示。

（12）执行"矩形 REC"命令，在图形左下角绘制尺寸为 73.2mm×15mm 和 17.1mm×2.3mm 的两个矩形。使用"直线 L"命令绘制两个两边边长均为 3mm 的直角，使用"移动 M"命令移动直角到如图 2-1-71 所示位置。

（13）执行"圆弧 A"命令，在两个直角之间绘制一条 49°的圆弧，两个两边边长均为 3mm 的直角使用"倒角 F"命令，倒为半径 R 为 3mm 的圆角，调整后如图 2-1-72 所示。

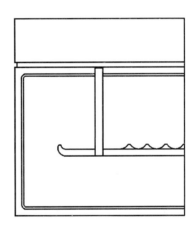

图 2-1-70　修剪线条

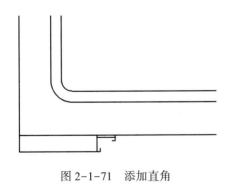

图 2-1-71　添加直角

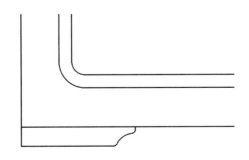

图 2-1-72　倒圆角

（14）将"图层"切换到"细实线"图层，进行绘制。

（15）执行"矩形 REC"命令，在整个图形最顶端绘制一个尺寸为 775mm×10mm 的矩形。再次绘制一个尺寸为 745mm×160mm 的矩形，使用"移动 M"命令移动到如图 2-1-73 所示。

（16）执行"偏移 O"命令，选中上一个745mm×160mm 的矩形往里偏移 10mm。

（17）执行"矩形 REC"命令，绘制一个尺寸为 770mm×115mm 的矩形，移动至图 2-1-74 所示位置。

（18）执行"矩形 REC"命令，在上一个图形的左边边缘绘制一个尺寸为 12mm×115mm 的矩形，在此矩形的右上角绘制一个尺寸为 5mm×10mm 的矩形。使用"镜像 MI"命令，选择此矩形，找到中心点镜像成如图 2-1-75 所示图形。

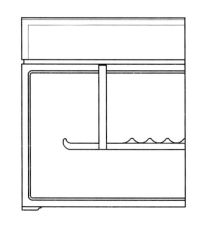

图 2-1-73　绘制矩形并移动

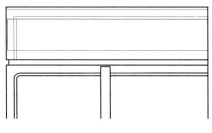

图 2-1-74　移动矩形

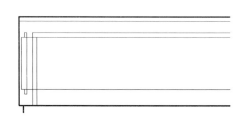

图 2-1-75　镜像图形

（19）执行"直线 L"命令，绘制一条长 135mm 的直线，使用"偏移 O"命令往右偏移 5mm，选择这条直线依次上下缩进 10mm，两条线连接成一个梯形，使用"移动 M"命令，选择这个梯形移动到如图 2-1-76 所示位置。

（20）执行"矩形 REC"命令，绘制一个尺寸为 435mm×150mm 的矩形，使用"移动 M"命令移动到如图 2-1-77 所示位置。

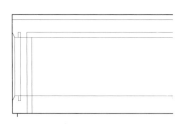

图 2-1-76　移动梯形

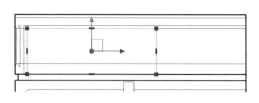

图 2-1-77　添加并移动矩形

（21）执行"矩形 REC"命令，以上一个图形作为此矩形的中心点绘制一个尺寸为 30mm×165mm 的矩形，如图 2-1-78 所示。使用"移动 M"命令选择矩形往上移动 25mm，如图 2-1-79 所示。

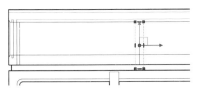

图 2-1-78　添加矩形

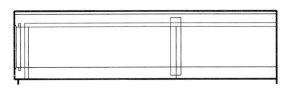

图 2-1-79　移动矩形

（22）选择如图 2-1-80 所示的线，转变成细实线图层。

（23）执行"偏移 O"命令，选择如图 2-1-81 所示的线，竖线分别向里偏移 5mm，上水平线往下偏移 5mm，下水平线往上偏移 2mm。使用"倒角 F"命令把刚刚偏移出来的 4 个直角倒为半径 R 为 5mm 的圆角，如图 2-1-82 所示。

（24）执行"直线 L"命令，绘制一个两边边长均为 24.7mm 的直角，使用"旋转 RO"命令选，择直角逆时针旋转 45°，使用"移动 M"命令，把直角移动到如图 2-1-83 所示位置。使用"镜像 MI"命令，找到中心点镜像，如图 2-1-84所示。

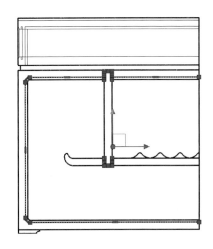

图 2-1-80　改变指定线图层

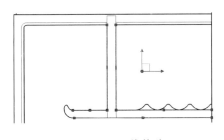

图 2-1-81　线偏移

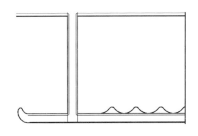

图 2-1-82　倒角

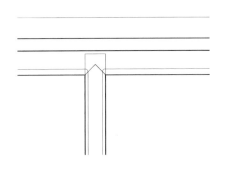

图 2-1-83　移动直角

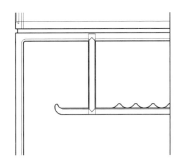

图 2-1-84　直角镜像

（25）在如图 2-1-85 所示的接口处，使用"样条曲线 SPL"命令绘制一条样条曲线，绘制后如图 2-1-86 所示。

（26）执行"矩形 REC"命令，绘制一个尺寸为 100mm×30mm 的矩形，使用"移动 M"命令移动至如图 2-1-87 所示位置。

图 2-1-85　接口　　　图 2-1-86　添加样条曲线　　　图 2-1-87　移动矩形

（27）执行"圆 C"命令，在如图 2-1-88 所示位置绘制半径 R 为 37.5mm 的圆。

（28）执行"直线 L"命令，绘制一条长 85mm 的直线，在这条直线的中心往上绘制一条长 26.5mm 的直线，如图 2-1-89 所示。使用"复制 CO"命令，选择其中一个圆，以此圆的圆心作为基点复制，其他圆重复此方法，绘制后如图 2-1-90 所示。绘制后删除辅助线，使用"修剪 TR"命令修剪成如图 2-1-91 所示。

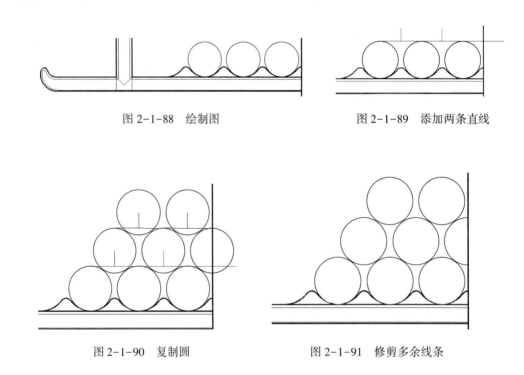

图 2-1-88　绘制图　　　　　　　　图 2-1-89　添加两条直线

图 2-1-90　复制圆　　　　　　　　图 2-1-91　修剪多余线条

（29）执行"矩形 REC""移动 M""直线 L"命令，绘制如图 2-1-92 所示图形。使用"修剪 TR"命令，修剪结果如图 2-1-93 所示。修剪后，使用"移动 M"命令移动至如图 2-1-94 所示位置。

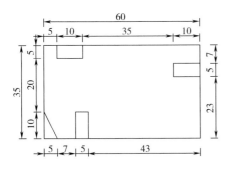

图 2-1-92　绘制新图形

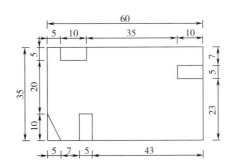

图 2-1-93　修剪图形

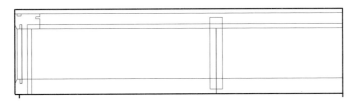

图 2-1-94　移动图形至指定位置

（30）执行"矩形 REC""移动 M""倒角 F""直线 L"命令，绘制如图 2-1-95 所示图形。使用"修剪 TR"命令，修剪结果如图 2-1-96 所示。修剪后，使用"移动 M"命令移动至如图 2-1-97 所示位置。然后选择此图形往右移动 133.9mm。

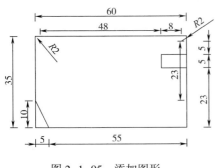

图 2-1-95　添加图形

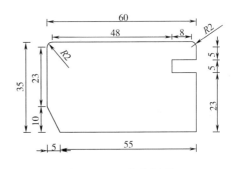

图 2-1-96　修剪图形

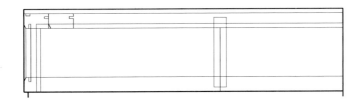

图 2-1-97　移动图形至指定位置

（31）执行"矩形 REC""复制 CO""直线 L"命令，绘制如图 2-1-98 所示图形。使用"修剪 TR"命令，修剪结果如图 2-1-99 所示。修剪后，使用"移动 M"命令移动至如图 2-1-100 所示位置。然后选择此图形往下移动 45mm。

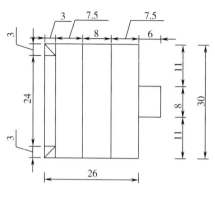

图 2-1-98　添加图形

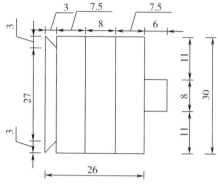

图 2-1-99　修剪图形

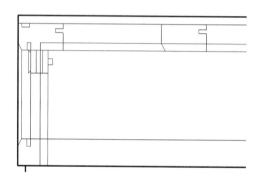

图 2-1-100　移动图形至指定位置

（32）执行"矩形 REC""复制 CO""移动 M"命令，绘制如图 2-1-101 所示图形。使用"移动 M"命令移动至如图 2-1-102 所示位置。然后选择此图形往下移动 70mm。

（33）执行"矩形 REC""直线 L""复制 CO"命令，绘制如图 2-1-103 所示图形。使用"修剪 TR"命令，修剪结果如图 2-1-104 所示。修剪后，使用"移动 M"命令移动至如图 2-1-105 所示位置。

（34）执行"矩形 REC"命令，依次绘制尺寸为 20mm×20mm，40mm×40mm 的两个矩形，使用"直线 L"命令给矩形绘制两条对角线，使用"移动 M"命令移动至如图 2-1-106 所示位置。

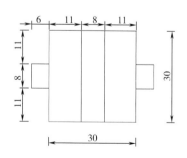

图 2-1-101　添加图形

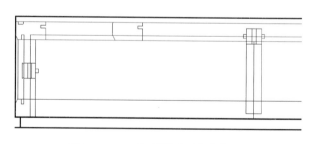

图 2-1-102　移动图形至指定位置

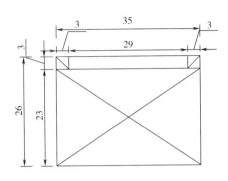

图 2-1-103　添加图形

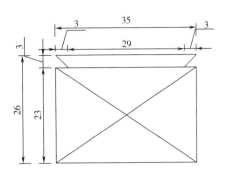

图 2-1-104　修剪图形

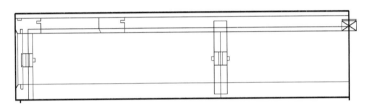

图 2-1-105　移动图形至指定位置

（35）执行"矩形 REC"命令，绘制一个尺寸为 40mm×40mm 的矩形，使用"倒角 F"命令将矩形的左下角倒为半径 R 为 10mm 的圆角，其余 3 个角倒为半径 R 为 2mm 的圆角。绘制完后使用"移动 M"命令移动至如图 2-1-107 所示位置，然后选择此图形往右移动 178mm。

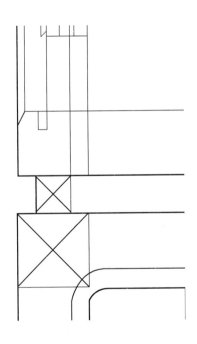

图 2-1-106　给矩形添加对角线
并移动至指定位置

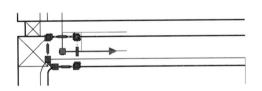

图 2-1-107　倒角并移动图形

（36）执行"矩形 REC"命令，绘制一个尺寸为 35mm×40mm 的矩形，使用"倒角 F"命令将矩形的左上角和右上角倒为半径 R 为 2mm 的圆角，再将矩形的左下角和右下角倒为半径 R 为 5mm 的圆角。绘制完后使用"移动 M"命令移动至如图 2-1-108 所示位置，然后选择此图形往下移动 215.6mm。

（37）执行"矩形 REC""倒角 F""移动 M"命令，绘制如图 2-1-109 所示图形。使用"修剪 TR"命令，修剪结果如图 2-1-110 所示。修剪后，使用"移动 M"命令移动至如图 2-1-111 所示位置，然后选择此图形往右移动 119.2mm。

图 2-1-108　移动图形至指定位置

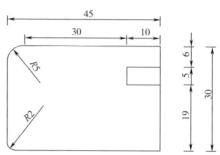

图 2-1-109　添加图形

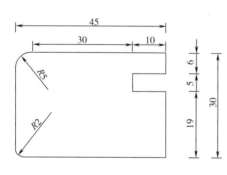

图 2-1-110　修剪图形

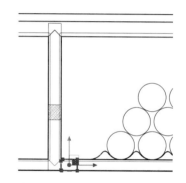

图 2-1-111　移动图形至指定位置

（38）执行"矩形 REC"命令，绘制一个尺寸为 40mm×40mm 的矩形，使用"倒角 F"命令将矩形的左上角倒为半径 R 为 10mm 的圆角，使用"直线 L"命令给矩形绘制两条对角线，然后使用"移动 M"命令移动至如图 2-1-112 所示位置。

（39）执行"矩形 REC"命令，绘制一个尺寸为 40mm×40mm 的矩形，使用"倒角 F"命令将矩形的左上角倒为半径 R 为 10mm 的圆角，其余 3 个角倒为半径 R 为 2mm 的圆角。绘制完后使用"移动 M"命令移动至如图 2-1-113 所示位置，然后选择此图形往右移动 323.2mm。

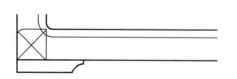

图 2-1-112　移动图形至指定位置

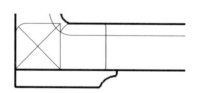

图 2-1-113　移动图形至指定位置

（40）将图层切换到"填充"图层，执行"图案填充 H"命令，选择如图 2-1-114 所选的图形进行填充。"图案填充"设置如图 2-1-115 所示，填充后图形如图 2-1-116 所示。

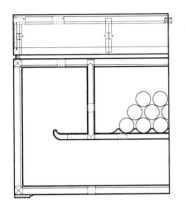

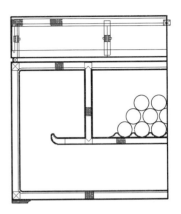

图 2-1-114　图案填充图形　　　图 2-1-115　"图案填充"设置　　　图 2-1-116　填充结果

（41）执行"镜像 MI"命令，选择绘制的全部图形，镜像到右边。将中间的辅助线切换成"辅助线"图层，主视图绘制完成，如图 2-1-117 所示。

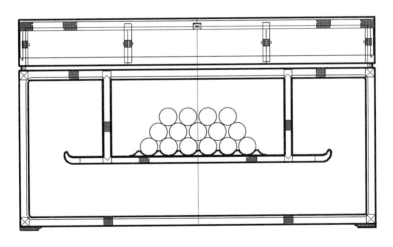

图 2-1-117　餐柜主视图绘制结果

二、绘制实木餐柜左视图

（1）将图层切换到"轮廓线"图层，进行绘制。

（2）执行"矩形 REC"命令，绘制一个尺寸为 400mm×185mm 的矩形，在矩形的右上边绘制一个尺寸为 190mm×10mm 的矩形，在此矩形的左上角绘制一个 20mm×10mm 的矩形，矩形的右上角绘制一个尺寸为 15mm×10mm 的矩形，使用"样条曲线 SPL"命令在此矩形内绘制一条如图 2-1-118 所示的样条曲线，后把矩形删除。

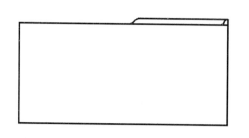

图 2-1-118　绘制结果

（3）将图层切换到"细实线"图层，进行绘制。

（4）执行"矩形 REC"命令，在上一个尺寸为 400mm×185mm 的矩形左上角绘制一个尺寸为 350mm×135mm 的矩形，使用"移动 M"命令，选择矩形往右移动 25mm，接着往下移动 25mm。使用"偏移 O"命令往里偏移 10mm。在右上角绘制一个尺寸为 185mm×5mm 的矩形，在这个矩形的右上角绘制一个尺寸为 10mm×5mm 的矩形，使用"移动 M"命令，选择这两个矩形同时往左移动 5mm，如图 2-1-119 所示。

（5）执行"矩形 REC"命令，在之前绘制的尺寸为 400mm×185mm 的矩形的左上角和右上角各绘制一个尺寸为 60mm×35mm 的矩形，在左上角这个矩形的左下角绘制一个尺寸为 5mm×12.8mm 的矩形，在这个矩形内使用"直线 L"命令绘制一条左上角至右下角的对角线，后将矩形删除。在 400mm×185mm 的矩形右下角绘制一个尺寸为 395mm×150mm 的矩形，在这个矩形的右下角绘制一个尺寸为 35mm×150mm 的矩形，使用"复制 CO"命令，选中这个矩形，在距左 345mm 处复制一个。再在这个矩形的右下角绘制一个尺寸为 380mm×35mm 的矩形，在这个矩形的左上角绘制一个尺寸为 35mm×35mm 的矩形，使用"直线 L"命令给这个矩形绘制两条对角线，绘制结果如图 2-1-120 所示。

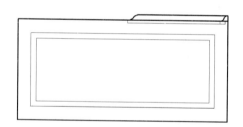

图 2-1-119　添加两个矩形并移动到指定位置

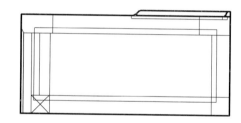

图 2-1-120　绘制多个矩形

（6）执行"矩形 REC"命令，在如图 2-1-121 所示位置绘制一个尺寸为 310mm×11mm 的矩形，使用"移动 M"命令往下移动 45mm，使用"复制 CO"命令在下方距离此矩形 19mm 处复制一个，如图 2-1-122 所示。

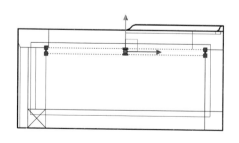

图 2-1-121　指定位置添加矩形

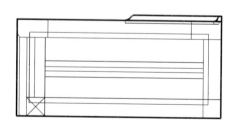

图 2-1-122　指定位置复制矩形

（7）执行"直线 L"命令，在如图 2-1-123 所示位置绘制 4 条对角线。

（8）执行"矩形 REC""直线 L""移动 M""倒角 F"命令，绘制如图 2-1-124 所示图形。使用"修剪 TR"命令，修剪结果如图 2-1-125 所示。修剪后，使用"移动 M"命令移动至如图 2-1-126 所示位置，然后往右移动 91.2mm。

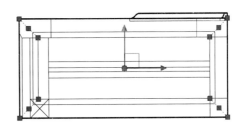

图 2-1-123　绘制对角线

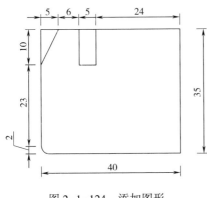

图 2-1-124　添加图形

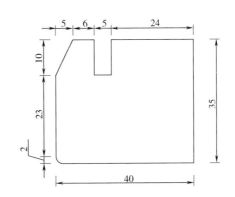

图 2-1-125　修剪图形

（9）将图层切换到"轮廓线"图层，进行绘制。

（10）执行"矩形 REC"命令，绘制一个尺寸为 380mm×20mm 的矩形，移动到如图 2-1-127 所示位置，然后选择矩形，使用"移动 M"命令往右移动 10mm。

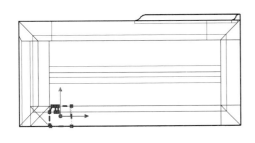

图 2-1-126　移动图形

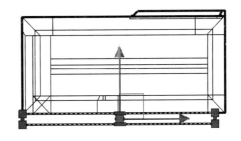

图 2-1-127　移动图形至指定位置

（11）将图层切换到"细实线"图层，进行绘制。

（12）执行"矩形 REC"命令，在上一个绘制的图形的左上角绘制一个尺寸为 20mm×20mm 的矩形，使用"直线 L"命令给矩形绘制两条对角线，使用镜像到另一边，如图 2-1-128 所示。

（13）将图层切换到"轮廓线"图层，进行绘制。

（14）执行"矩形 REC"命令，找到如图 2-1-129 所示的交点绘制一个尺寸为

400mm×660mm 的矩形。

（15）执行"偏移 O"命令，选择上一个绘制的矩形依次往里偏移 30，40mm。将偏移 30mm 的矩形转换成细实线图层。

（16）执行"矩形 REC"命令，在如图 2-1-130 所示位置绘制一个尺寸为 400mm×50mm 的矩形，使用"移动 M"命令往下移动 345mm。

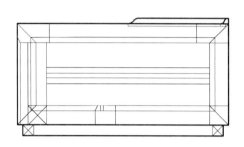

图 2-1-128　添加对角线并镜像图形

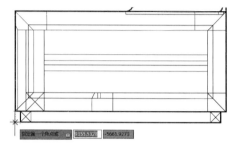

图 2-1-129　在指定位置绘制矩形

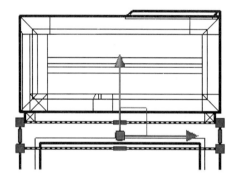

图 2-1-130　在指定位置绘制矩形

（17）将图层切换到"细实线"图层，进行绘制。

（18）执行"矩形 REC"命令，在尺寸为 400mm×660mm 的矩形的左上角绘制一个尺寸为 40mm×40mm 的矩形，使用"倒角 F"命令将这个矩形的左下角倒为半径 R 为 10mm 的圆角，再给这个矩形绘制两条对角线，如图 2-1-131 所示。

（19）使用"镜像 MI"命令，选择上一个绘制的图形，找到 400mm×660mm 的矩形的竖中点和横中点镜像到四个角，如图 2-1-132 所示。

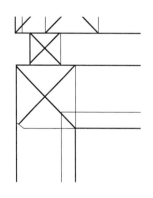

图 2-1-131　绘制圆角图形

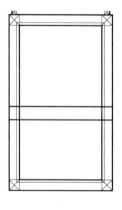

图 2-1-132　镜像图形

（20）执行"矩形 REC"命令，在矩形左上角旁边绘制一个尺寸为 40mm×40mm 的矩形，使用"倒角 F"命令将这个矩形的左下角倒为半径 R 为 10mm 的圆角，其他 3 个角倒为半径 R 为 2mm 的圆角后往右移动 122.6mm。

（21）执行"矩形 REC"命令，在左上角矩形的下边圆角后面绘制一个尺寸为350mm×23.5mm 的矩形。在这个矩形的下面接着绘制一个尺寸为 390mm×6.5mm 的矩形，使用"倒角 F"命令将这个矩形的左下角倒为半径 R 为 3mm 的圆角。使用"镜像 MI"命令，选择竖中点镜像到另一边，如图 2-1-133 所示。

（22）执行"矩形 REC"命令，在如图 2-1-134 所示所选的矩形左上角绘制一个尺寸为 400mm×20mm 的矩形，在这个矩形的下面绘制一个尺寸为 310mm×12mm 的矩形，使用"移动 M"命令往右移动 45mm。在这个矩形的左下角外面绘制一个尺寸为 10mm×5mm 的矩形，使用"镜像 MI"命令，选择中点镜像到另一边。回到一开始绘制的这个矩形，在这个矩形的下面绘制一个尺寸为 310mm×18mm 的矩形。

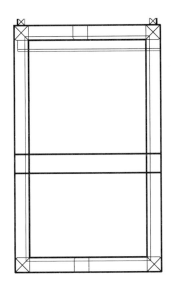

图 2-1-133　添加矩形并镜像

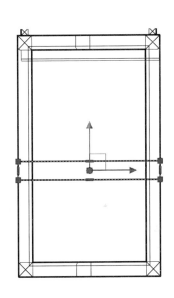

图 2-1-134　添加圆形

（23）执行"复制 CO"命令，选择主视图绘制的桌脚移动到左视图整个图形的左下角，使用"镜像 MI"命令镜像到右边，如图 2-1-135 所示。

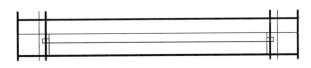

图 2-1-135　添加桌脚

（24）将图层切换到"填充"图层，进行绘制。

（25）执行"图案填充 H"命令，选择如图 2-1-136 所选的图形进行填充，填充完后如图 2-1-137 所示。至此，左视图绘制完成。

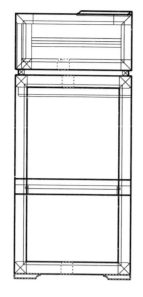

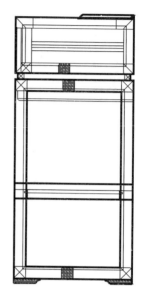

图 2-1-136　选择图形　　　　　　　图 2-1-137　左视图绘制结果

三、绘制实木餐柜俯视图

（1）将图层切换到"轮廓线"图层，进行绘制。

（2）执行"矩形 REC"命令，绘制一个尺寸为 1550mm×400mm 的矩形。

（3）将图层切换到"辅助线"图层，进行绘制。

（4）使用"直线 L"命令绘制一条中心线。

（5）将图层切换到"轮廓线"图层，进行绘制。

（6）执行"偏移 O"命令，选择上一个绘制的矩形依次往里偏移 60，62mm。以最里面的矩形为基点，执行"直线 L"命令往外绘制 4 条对角线，然后将这 4 条对角线转换为"细实线"图层。

（7）执行"矩形 REC"命令，在中点往左偏 17.5mm 处绘制一个尺寸为 35mm×330mm 的矩形，使用"移动 M"命令往下移动 35mm。

（8）执行"复制 CO"命令，选择此矩形往右移动 365mm，如图 2-1-138 所示。

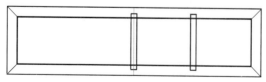

图 2-1-138　移动复制指定图形

（9）将图层切换到"细实线"图层，进行绘制。

（10）执行"矩形 REC"命令，在一开始绘制的矩形左上角依次绘制尺寸为 1550mm×15mm，15mm×240mm 矩形，在右上角绘制一个尺寸为 15mm×240mm 的矩形。

（11）使用"修剪 TR"命令，选择绘制好的三个矩形，修剪完如图 2-1-139 所示。至此，俯视图绘制完成。

四、尺寸标注

将图层切换到"尺寸标注"图层,利用"尺寸标注"命令对绘制的餐柜进行标注,具体标注尺寸请见前文中图 2-1-53 所示。至此,餐柜三视图绘制完成。

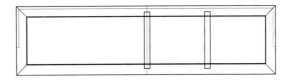

图 2-1-139 俯视图绘制结果

❓ 作业与思考

绘制如图 2-1-140 所示抽屉的三视图。

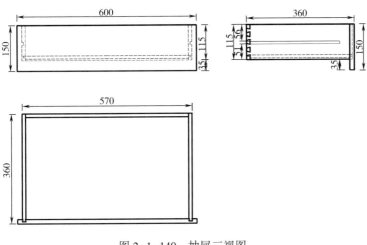

图 2-1-140 抽屉三视图

模块二　卧室家具

卧室的收纳及充分利用也是居室收纳的重点。而一个功能强大的卧室衣柜空间则是必不可少的，除了收纳衣物、被褥，还可以将不太常用的物品收纳起来，如行李箱、鞋子等。另外，卧室功能的多样化也是提高空间使用率的一部分，将化妆室、书房等都集合在卧室空间里，能大大提高卧室的使用率。

项目一　双人床的绘制

床是卧室家具的主要组成部分，也是提供休息的最佳用品，已是生活中的必需品。通过本案例的学习，大家可熟悉床的尺寸要求，加深对二维绘图命令的掌握，能熟练绘制家具的三视图及三维实体图。

任务一　双人床三视图绘制

学习目标：掌握床三视图的绘制方法，灵活运用 FROM 命令确定点的位置。
应知理论："三等"规律的画法几何原则，AutoCAD 相关命令的运用。
应会技能：能综合床的结构与 AutoCAD 相关知识绘制床的三视图。

一、案例分析
本案例要求绘制如图 2-2-1 所示双人床三视图，并进行尺寸标注。主要利用矩形（REC）、圆弧（A）、偏移（O）、修剪（TR）、移动（M）、延伸（EX）、镜像（MI）等命令。

二、设置绘图环境
（1）打开 AutoCAD 软件，新建一个文档。
（2）设置图形界限。单击菜单"格式"＞"图形界限"（或输入 LIM）命令，设置图形界限为"5000×5000"。
（3）设置图形单位。单击菜单"格式"＞"单位"（或输入 UN）命令，打开"图形单位"对话框，设置单位后点击"确定"按钮结束。
（4）创建图层。点击工具栏的"图层特性管理器"按钮（或输入 LA），创建图层，如图 2-2-2 所示。
①轮廓线图层：颜色黑色，线型连续线，线宽 0.3。
②虚线图层：颜色黑色，线型虚线，线宽默认。
③尺寸标注图层：颜色黑色，线型连续线，线宽默认。

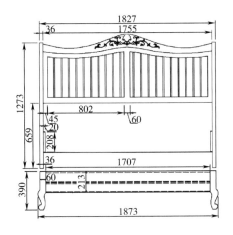

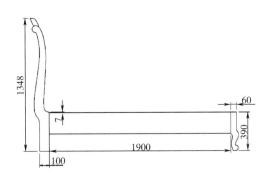

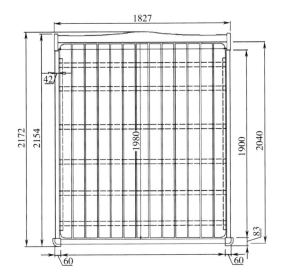

图 2-2-1　双人床三视图

三、绘制双人床的主视图

1. 绘制床高屏主视图

（1）将图层切换到"轮廓线"图层。在命令行中输入"REC"，激活"矩形"命令，绘制一个尺寸为 36×1273.5 的矩形，如图 2-2-3 所示。

（2）在命令行输入"L"，激活"直线"命令，以

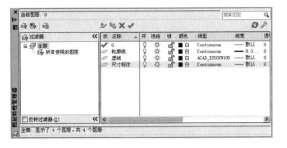

图 2-2-2　图层设置

矩形右下角点为基点，向上偏移 660 为起点画一条长度为 1755 的水平直线，如图 2-2-4 所示。

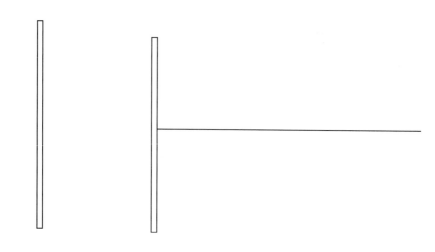

图 2-2-3 绘制矩形   图 2-2-4 绘制直线

（3）通过对图纸的分析，床高屏主视图为左右对称图形，所以可以只画出左侧一半，然后镜像即可完成图纸。在命令行中输入"A"，激活"圆弧"命令，以矩形右上角点为基点，分别向下偏移 14 和 90 为起点绘制曲线，如图 2-2-5 所示。

（4）在命令行中输入"O"，激活"偏移"命令，将靠下的圆弧向下偏移，距离为45，如图 2-2-6 所示。

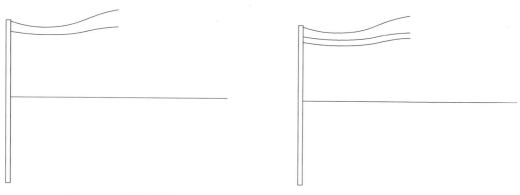

图 2-2-5 绘制圆弧   图 2-2-6 偏移

（5）继续使用"偏移"命令，将矩形的右侧边、下方的直线均向内部偏移，距离为45，并使用"修剪（TR）"命令将图形修剪成如图 2-2-7 所示的图形。

（6）在命令行中输入"O"，激活"偏移"命令，将直线 a 分别向右偏移 65 和 12，得到两条直线，并修剪成图 2-2-8 所示的图形。

（7）在命令行中输入"O""TR""EX"，激活"偏移""修剪"和"延伸"命令，按照图 2-2-8 的偏移距离，将直线进行偏移并修剪或者延伸。在命令行中输入"M"，激活"移动"命令，将最右侧直线 b，向左移动 30，最终得到图 2-2-9 所示图形。

（8）在命令行中输入"O"，激活"偏移"命令，将直线 c 向下偏移，距离为 500，如图 2-2-10 所示。

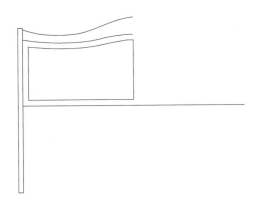

图 2-2-7 偏移和修剪 图 2-2-8 偏移

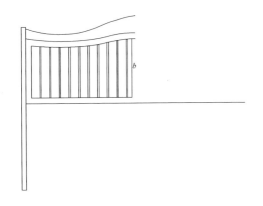

图 2-2-9 偏移及修剪 图 2-2-10 偏移直线

（9）在命令行中输入"REC"，激活"矩形"命令，以 d 点为基点，向上偏移 1.5 为矩形的左下角点，绘制尺寸为 20×208 的矩形，如图 2-2-11 所示。

（10）在命令行中输入"MI"，激活"镜像"命令，将绘制好的图形进行镜像，镜像线选择过直线 c 中点且与此直线相垂直的直线即可。生成如图 2-2-12 所示图形。

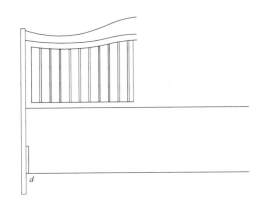

图 2-2-11 绘制矩形 图 2-2-12 床高屏主视图

2. 绘制床低屏主视图

（1）将图层切换到"轮廓线"图层。在命令行中输入"REC"，激活"矩形"命令，绘制一个尺寸为 1707×213 的矩形，如图 2-2-13 所示。

图 2-2-13　绘制矩形

（2）在命令行中输入"L"和"A"，激活"直线"和"圆弧"命令，绘制低屏脚，最终形成如图 2-2-14 所示图形。

（3）在命令行中输入"M"，激活"移动"命令，将床脚移动到矩形中对应的位置，并进行镜像操作，生成如图 2-2-15 所示图形。

（4）在命令行中输入"X"，激活"分解"命令，将矩形分解成 4 条直线。

（5）在命令行中输入"O"，激活"偏移"命令，将分解后矩形的上边线向下进行偏移，距离分别是 14.5，104，114，124，207，选中偏移后的 5 条线，将线移至"虚线"图层，如图 2-2-16 所示。

（6）在已绘制好花纹的 AutoCAD 界面中选中花纹，点击"文件输出块"，保存。然后回到床主视图界面插入块，选择刚刚保存的花纹，并且移动到如图 2-2-17 所示位置。至此，双人床高、低屏的主视图绘制完成。

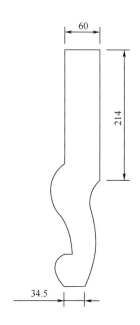

图 2-2-14　绘制低屏脚

图 2-2-15　移动、镜像床脚

图 2-2-16　偏移直线

图 2-2-17 双人床主视图

四、绘制双人床的俯视图

（1）将图层切换到"轮廓线"图层。在命令行中输入"REC"，激活"矩形"命令，绘制一个尺寸为36×171.5 的矩形，生成如图 2-2-18 所示图形。

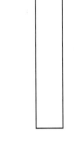

图 2-2-18 绘制矩形

（2）在命令行中输入"A"，激活"圆弧"命令，以矩形右上角点为基点，向下偏移 18.5 为起点绘制圆弧，生成如图 2-2-19 所示图形。

（3）在命令行中输入"L"，激活"直线"命令，以矩形右上角点为基点，向下偏移 90 为起点，绘制一条长为 1755 的直线，如图 2-2-20 所示。

图 2-2-19 绘制圆弧

127

图 2-2-20　绘制直线

（4）在命令行中输入"MI"，激活"镜像"命令，将矩形、圆弧镜像到另一侧，以与直线相垂直的直线为镜像线，如图 2-2-21 所示。

图 2-2-21　镜像图形

（5）在命令行中输入"REC"，激活"矩形"命令，以图 2-2-22 中所示 a 点为基点向右偏移 4 作为矩形的左上角点，绘制一个尺寸为 1900×42 的矩形，如图 2-2-22 所示。

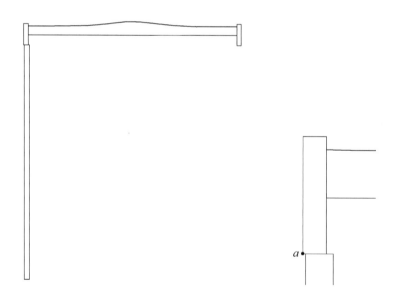

图 2-2-22　绘制矩形

（6）在命令行中输入"REC"，激活"矩形"命令，以步骤（5）中同一点作为右上角点，分别绘制两个尺寸为 82.9×82.9 和 60×60 的矩形，如图 2-2-23 所示。

（7）在命令行中输入"F"，激活"圆角"命令，分别以 50 和 24 为半径，将两个矩形的左下角倒成圆角，如图 2-2-24 所示。

（8）在命令行中输入"M"，激活"移动"命令，将图 2-2-24 中的图形移动到俯视图中对应的位置，如图 2-2-25 所示。

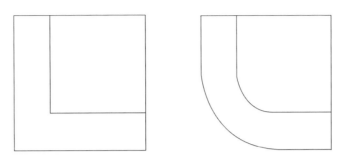

图 2-2-23　绘制两个矩形　　　　图 2-2-24　倒圆角

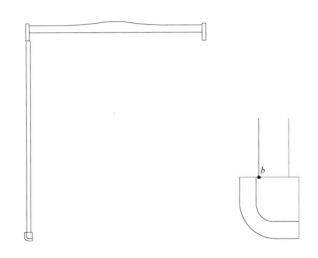

图 2-2-25　移动图形

（9）在命令行中输入"REC"，激活"矩形"命令，以图中 c 点为基点，向下偏移 13，作为矩形的左上角点，绘制一个尺寸为 1707×45 的矩形，如图 2-2-26 所示。

（10）在命令行中输入"MI"，激活"镜像"命令，将图形中左侧部分镜像到另一侧，如图 2-2-27 所示。

（11）在命令行中输入"REC"，激活"矩形"命令，以图中 d 点为基点，偏移距离为（19.5，-14.7），作为矩形的左上角点，绘制一个尺寸为 120×1965 的矩形，如图 2-2-28 所示。

（12）在命令行中输入"AR"，激活"阵列"命令，以刚绘制的矩形为基本图形，形成一个 1 行、13 列（列间距为 133）的矩形阵列，如图 2-2-29 所示。

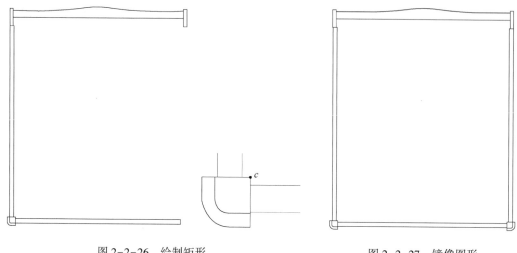

图 2-2-26　绘制矩形　　　　　　　　　　　图 2-2-27　镜像图形

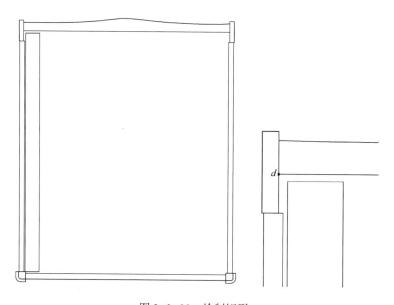

图 2-2-28　绘制矩形

（13）在命令行中输入"F"，激活"圆角"命令，将阵列图形的最左和最右两个矩形进行倒圆角处理，半径为 50，如图 2-2-30 所示。

（14）将图层切换到"虚线"图层。在命令行中输入"REC"，激活"矩形"命令，以图中 e 点为基点，向下偏移 80 为左上角点，绘制一个尺寸为 35×1740 的矩形，如图 2-2-31 所示。

（15）在命令行中输入"MI"，激活"镜像"命令，将刚绘制好的矩形镜像到另一侧，如图 2-2-32 所示。

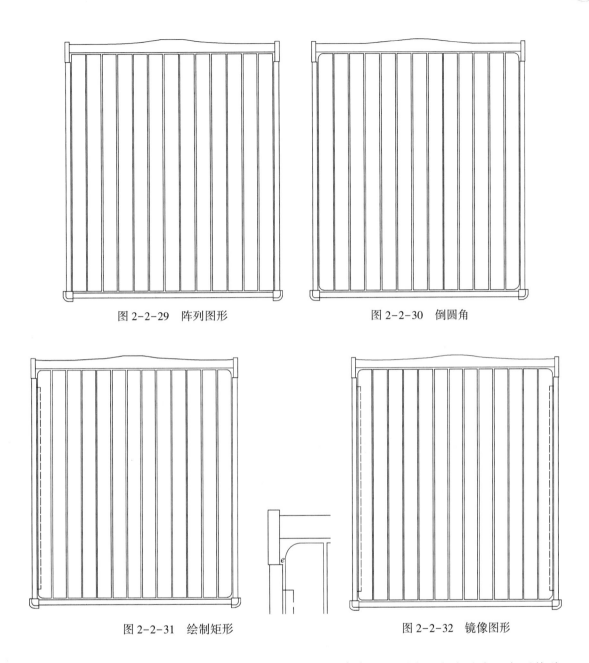

图 2-2-29　阵列图形　　　　　　　　　　图 2-2-30　倒圆角

图 2-2-31　绘制矩形　　　　　　　　　　图 2-2-32　镜像图形

（16）在命令行中输入"REC"，激活"矩形"命令，以图中 f 点为基点，向下偏移 125.5，作为左上角点，绘制一个尺寸为 1735×44 的矩形，如图 2-2-33 所示。

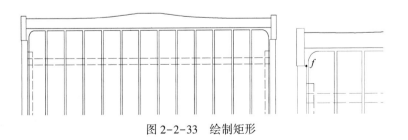

图 2-2-33　绘制矩形

（17）在命令行中输入"CO"，激活"复制"命令，将刚绘制的矩形向下进行复制，距离分别为 240 和 626.5，如图 2-2-34 所示。

（18）在命令行中输入"MI"，激活"镜像"命令，将刚绘制好的三个矩形向下镜像，生成如图 2-2-35 所示图形。

至此，完成双人床俯视图的绘制。

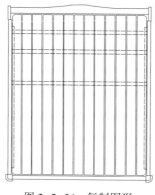 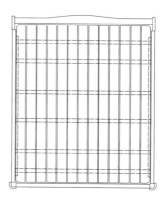

图 2-2-34　复制图形　　　　　　　图 2-2-35　镜像图形

五、绘制双人床的左视图

（1）将图层切换到"轮廓线"图层。在命令行中输入"L"，激活"直线"命令，绘制三条直线，长度分别为 397,100,294.5，如图 2-2-36 所示。

（2）在命令行中输入"A"，激活"圆弧"命令，绘制床头左视图的曲线，如图 2-2-37 所示。

（3）利用"直线"和"圆弧"命令完成床头的左视图，生成如图 2-2-38 所示图形。

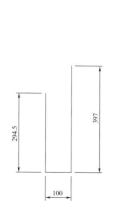  

图 2-2-36　根据标注尺寸绘制　　　图 2-2-37　绘制床头曲线　　　图 2-2-38　绘制床头左视图

（4）在命令行中输入"REC"，激活"矩形"命令，以图中 b 点为基点，向下偏移 7 作为左上角点，绘制一个尺寸为 1900×213 的矩形，如图 2-2-39 所示。

（5）在命令行中输入"CO"，激活"复制"命令，将主视图中床低屏右侧床脚复制到左视图中，基点选择图中的 c 点，如图 2-2-40 所示。至此，完成双人床左视图的绘制。

图 2-2-39 绘制矩形

图 2-2-40 双人床左视图

六、进行尺寸标注

将图层切换到"尺寸标注"图层，利用尺寸标注命令对绘制的双人床三视图进行标注，标注尺寸如图 2-2-41 所示。

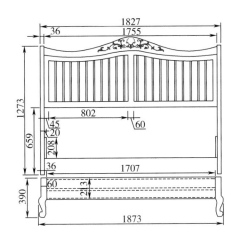

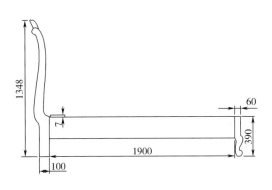

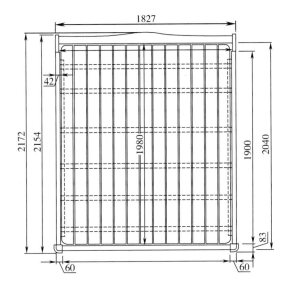

图 2-2-41 尺寸标注

作业与思考

绘制如图 2-2-42 所示的床屏背后结构图，并且进行尺寸标注。

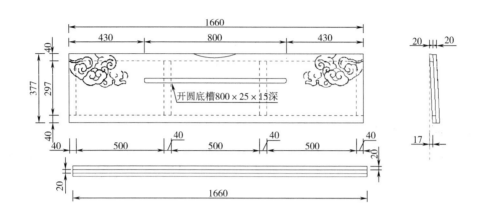

图 2-2-42　床屏背后结构图

任务二　双人床三维实体图绘制

学习目标：掌握双人床三维实体图的绘制方法，灵活运用创建三维实体的命令。

应知理论：AutoCAD 三维相关命令的运用。

应会技能：能将实体绘制方法与 AutoCAD 相关知识结合，绘制出双人床的三维实体图形。

一、案例分析

本案例要求绘制如图 2-2-43 所示双人床的三维实体图形，尺寸以任务一中标注为准，本任务需要用到矩形（REC）、复制（CO）、移动（M）、长方体（BOX）、三维拉伸（EXT）、三维旋转（REV）、三维镜像（MIRROR3d）等命令。

图 2-2-43　双人床三维实体图

二、设置绘图环境

（1）打开中文 AutoCAD 软件，新建一个文档。

（2）设置图形界限。单击菜单"格式"＞"图形界限"命令，设置图形界限为"10000×10000"。

（3）设置图形单位。输入"UN"命令，打开"图形单位"对话框，设置单位后点击

"确定"按钮结束。

（4）创建图层。输入"LA"，创建图层，如图 2-2-44 所示。轮廓线图层：颜色黑色，线型连续线，线宽 0.3。

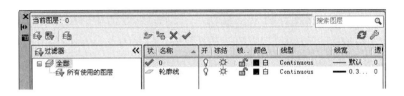

图 2-2-44　图层设置

三、绘制双人床三维实体图形

（1）将图层切换到"轮廓线"图层，在命令行中输入"v"，打开"视图管理器"窗口，如图 2-2-45 所示。双击"西南等轴测"选项，点击"确定"按钮，将视图切换到"西南等轴测"视角，如图 2-2-46 所示。

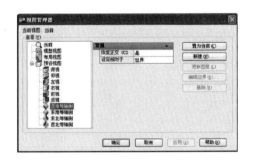

图 2-2-45　视图管理器

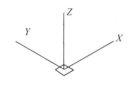

图 2-2-46　西南等轴测视角

（2）在命令行中输入"v"，打开"视图管理器"窗口，将视图切换至左视图。按照任务一中双人床左视图中的绘图方法和尺寸，利用"直线""圆弧"命令绘制如图 2-2-47 所示图形。

（3）在命令行中输入"REG"，激活"面域"命令，将图 2-2-47 创建成面域，命令行提示如下：

命令：REG REGION

选择对象：指定对角点：找到 13 个

已提取 1 个环。

已创建 1 个面域。

将视图切换到"西南等轴测"视角，在命令行中输入"UCS"，按两次回车，将坐标系变回世界坐标系，即图 2-2-46 所示的坐标系方向。

（4）在命令行中输入"EXT"，激活"拉伸实体"命令，将创建的面域拉伸成实体，距离为 36，如图 2-2-48 所示。命令行提示如下：

命令：EXT EXTRUDE

当前线框密度：ISOLINES=4，闭合轮廓创建模式 = 实体

选择要拉伸的对象或［模式（MO）］：找到 1 个

指定拉伸的高度或［方向（D）/路径（P）/倾斜角（T）/表达式（E）］：36

（5）将视图切换至左视图。利用"直线""圆弧"等命令，根据标注尺寸绘制如图 2-2-49 所示两个图形。

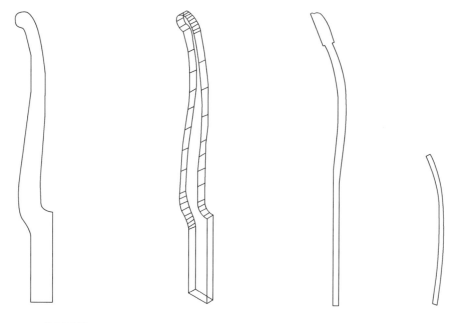

图 2-2-47　绘制曲线　　　　图 2-2-48　拉伸实体　　　　图 2-2-49　绘制曲线

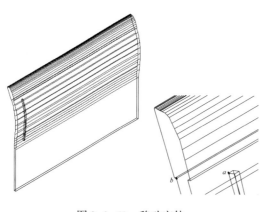

图 2-2-50　移动实体

（6）在命令行中输入"REG"，激活"面域"命令，将图 2-2-49 中两个闭合图形创建成面域。

（7）将视图切换到"西南等轴测"，将坐标系变回世界坐标系。在命令行中输入"EXT"，激活"拉伸实体"命令，将两个面域拉伸成实体，距离分别为 1755 和 12。在命令行中输入"M"，激活"移动"命令，选择 a 点为移动基点，目标点以 b 点为基点，偏移（@110，-30，-27），将较小实体移动至图 2-2-50 所示位置。

（8）在命令行中输入"3A"，激活"三维阵列"命令，对较小实体进行阵列操作，参数为 1 行 10 列 1 层，列间距为 77，如图 2-2-51 所示。

（9）在命令行中输入"MIRROR3d"，激活"三维镜像"命令，对阵列图形进行镜像操作，如图 2-2-52 所示。

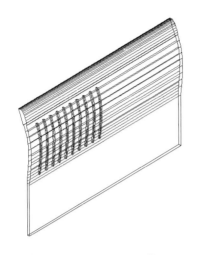

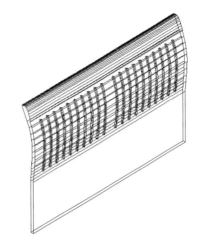

图 2-2-51 阵列实体　　　　　　　　图 2-2-52 镜像实体

（10）在命令行中输入"SU"，激活"差集"命令，对实体进行差集运算，如图 2-2-53 所示。

（11）在命令行中输入"M"，激活"移动"命令，将绘制好的两个床头部件移动到一起，如图 2-2-54 所示。

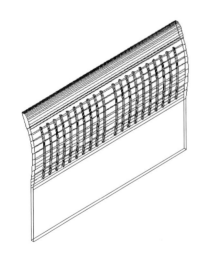

图 2-2-53 差集运算　　　　　　　　图 2-2-54 移动实体

（12）在命令行中输入"MIRROR3d"，激活"三维镜像"命令，对图形进行镜像操作，如图 2-2-55 所示。

（13）在命令行中输入"BOX"，激活"长方体"命令，以 e 点为基点，偏移（0,0,-7）作为角点，绘制一个尺寸为 42×1900×213 的长方体，如图 2-2-56 所示。

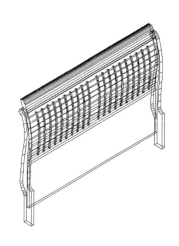

图 2-2-55 镜像实体

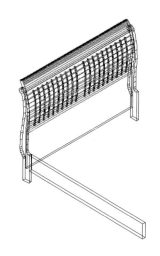

图 2-2-56 绘制长方体

（14）将视图切换到主视图，利用"直线"和"圆弧"命令，按照相应的尺寸，绘制双人床主视图中床低屏的床腿图形，如图 2-2-57 所示，并将其创建成面域。

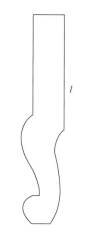

l

图 2-2-57 床腿图形

（15）将视图切换到"西南等轴测"，坐标系变回世界坐标系。在命令行中输入"REV"，激活"旋转"命令，以图 2-2-57 中直线 *l* 为轴线，将面域旋转成实体，如图 2-2-58 所示。命令行提示如下：

命令：REV REVOLVE

当前线框密度：ISOLINES = 4，闭合轮廓创建模式 = 实体

选择要旋转的对象或［模式（MO）］：找到 1 个 选择面域图形

指定轴起点或根据以下选项之一定义轴［对象（O）/X/Y/Z］<对象>：选择直线 *l* 端点

指定轴端点：选择直线 *l* 另一端点

指定旋转角度或［起点角度（ST）/反转（R）/表达式（EX）］<360>：90

（16）在命令行中输入"M"，激活"移动"命令，将床腿实体移动到相应的位置，如图 2-2-59 所示。

命令：MOVE

选择对象：指定对角点：找到 1 个 选择床腿实体

指定基点或［位移（D）］<位移>： 选择 *f* 点

指定第二个点或 <使用第一个点作为位移>：fRO 选择 *g* 点

基点：<偏移>：@18，0，0

图 2-2-58 旋转图形

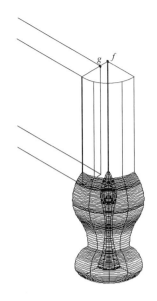

图 2-2-59 移动床腿实体

（17）将视图切换到左视图。利用"直线"等二维绘图命令，按照尺寸绘制如图 2-2-60 所示图形，并将其创建成面域。

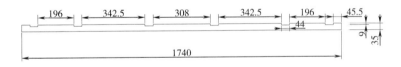

图 2-2-60 绘制图形

（18）将视图切换到"西南等轴测"，坐标系变回世界坐标系。在命令行中输入"EXT"，激活"拉伸实体"命令，将刚创建的面域拉伸成实体，距离为 35，如图 2-2-61 所示。

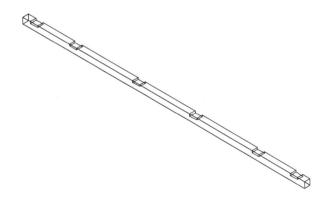

图 2-2-61 拉伸图形

（19）在命令行中输入"M"，激活"移动"命令，以 h 点为移动基点，图 2-2-59 中的 g 点为目标基点，偏移（0,80,-104），将实体移动到指定位置，如图 2-2-62 所示。

（20）在命令行中输入"BOX"，激活"长方体"命令，以图 2-2-59 中的 g 点为基点，偏移（18,-13,0）作为角点，绘制一个尺寸为 1707×45×213 的长方体，如图 2-2-63 所示。

图 2-2-62　移动实体

图 2-2-63　绘制长方体

（21）在命令行中输入"MIRROR3d"，激活"三维镜像"命令，对实体进行镜像操作，如图 2-2-64 所示。

（22）在命令行中输入"BOX"，激活"长方体"命令，以图 2-2-59 中 g 点为基点，偏移（0,125.5,-113）作为角点，绘制一个尺寸为 1743×44×22 的长方体，如图 2-2-65 所示。

图 2-2-64　镜像实体

图 2-2-65　绘制长方体

（23）在命令行中输入"CO"，激活"复制"命令，复制步骤（22）中绘制的长方体，复制基点选择 *i* 点，目标点选择 *j* 点，如图 2-2-66 所示。

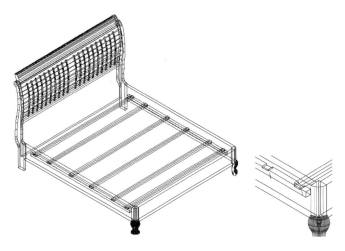

图 2-2-66　复制实体

（24）在命令行中输入"BOX"，激活"长方体"命令，以图 2-2-59 中 *g* 点为基点，偏移（13.5,2,-91）作为角点，绘制一个尺寸为 120×1960×22 的长方体，如图 2-2-67 所示。

（25）在命令行中输入"3A"，激活"三维阵列"命令，对步骤（24）中绘制的长方体进行阵列操作，参数为 1 行 13 列 1 层，列间距为 133，如图 2-2-68 所示。

图 2-2-67　绘制长方体

图 2-2-68　阵列床板

（26）在命令行中输入"F"，激活"圆角"命令，将两头床板的边角倒成圆角，半径为 50，如图 2-2-69 所示，完成双人床的三维实体图。

图 2-2-69　双人床三维实体图

作业与思考

　　根据给出的三视图和三维实体图，画出卧室双人床的部件图。

项目二　床头柜的绘制

　　床头柜是卧室家具中必不可少的一部分。床头柜在卧室中起到衬托床的作用，还可存放杂物和用品。既可以使房间整齐，也可以方便人们在床上或者在床边时随时拿到东西。通过本案例学习，大家可熟悉床头柜的尺寸要求，进一步掌握二维绘图命令，能熟练绘制床头柜的三视图。

任务一　床头柜案例分析与绘图环境设置

学习目标：掌握床头柜三视图的绘制方法，灵活运用 FROM 命令确定点的位置。
应知理论："三等"规律的画法几何原则，AutoCAD 相关命令的运用。
应会技能：能综合床头柜的结构与 AutoCAD 相关知识绘制床头柜的三视图。

一、案例分析

　　本案例要求绘制如图 2-2-70 所示床头柜的三视图，并进行尺寸标注。主要利用矩形（REC）、圆弧（A）、偏移（O）、修剪（TR）、移动（M）、延伸（EX）、镜像（MI）等命令。

二、设置绘图环境

（1）打开中文 AutoCAD 软件，新建一个文档。
（2）设置图形界限。单击菜单"格式">"图形界限"（或输入 Lim）命令，设置图

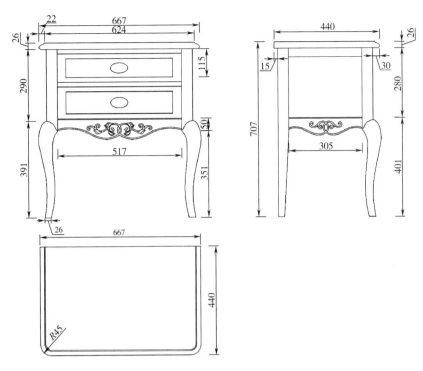

图 2-2-70　床头柜三视图

形界限为"5000×5000"。

（3）设置图形单位。单击菜单"格式"＞"单位"（或输入UN）命令，打开"图形单位"对话框，设置单位后点击"确定"按钮结束。

（4）创建图层。点击工具栏的"图层特性管理器"按钮（或输入"LA"），创建图层，如图2-2-71所示。

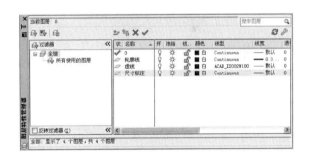

图 2-2-71　图层设置

①轮廓线图层：颜色黑色，线型连续线，线宽0.3。

②虚线图层：颜色黑色，线型虚线，线宽默认。

③尺寸标注图层：颜色黑色，线型连续线，线宽默认。

任务二　床头柜三视图绘制

一、绘制床头柜的主视图

（1）将图层切换到"轮廓线"图层。在命令行中输入"REC"，激活"矩形"命令，绘制一个尺寸为667×26的矩形，如图2-2-72所示。命令行提示如下：

命令：REC RECTANG

指定第一个角点或 ［倒角（C）/标高（E）/圆角（F）/厚度（T）/宽度（W）］：
任意选择一点

指定另一个角点或 ［面积（A）/尺寸（D）/旋转（R）］：@667，-26

（2）在命令行中输入 "A" 和 "L"，激活 "圆弧" 和 "直线" 命令，以图 2-2-73 中 a 点为基点，向右偏移 6.5 作为起点，绘制如图 2-2-73 所示图形。

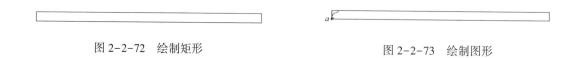

图 2-2-72　绘制矩形　　　　　　　　　　图 2-2-73　绘制图形

（3）在命令行中输入 "MI"，激活 "镜像" 命令，将绘制的曲线镜像到矩形的另一侧，如图 2-2-74 所示。

（4）在命令行中输入 "TR"，激活 "修剪" 命令，对矩形进行修剪操作，如图 2-2-75 所示。

图 2-2-74　镜像图形　　　　　　　　　　图 2-2-75　修剪图形

（5）在命令行中输入 "REC"，激活 "矩形" 命令，以图 2-2-76 中 b 点（线段中点）为基点，向左偏移 303.5 作为左上角点，绘制一个尺寸为 607×280 的矩形，如图 2-2-76 所示。

（6）在命令行中输入 "X"，激活 "分解" 命令，将步骤（5）中绘制的矩形分解。

（7）在命令行中输入 "O"，激活 "偏移" 命令，将分解后的矩形的左侧边、右侧边向内偏移，距离为 45，如图 2-2-77 所示。

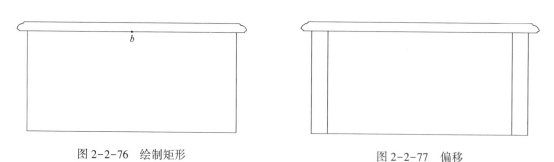

图 2-2-76　绘制矩形　　　　　　　　　　图 2-2-77　偏移

（8）在命令行中输入 "TR"，激活 "修剪" 命令，对图形进行修剪操作，如图 2-2-78 所示。

（9）在命令行中输入 "L"，激活 "直线" 命令，以 c 点为基点，向下偏移 18 作为起点，绘制一条水平直线，长度为 517，如图 2-2-79 所示。

图 2-2-78　修剪图形

图 2-2-79　绘制直线

（10）在命令行中输入"O"，激活"偏移"命令，将步骤（9）中绘制的直线向下偏移，距离分别为 116 和 18，如图 2-2-80 所示。

（11）在命令行中输入"REC"，激活"矩形"命令，以 d 点为基点，偏移距离为（36.5，-19.5）作为左上角点，绘制一个尺寸为 444×77 的矩形，以 d 点为基点，偏移距离为（36.5，-153.5）作为左上角点，绘制一个尺寸为 444×89 的矩形，如图 2-2-81 所示。

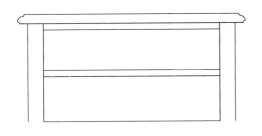

图 2-2-80　偏移直线

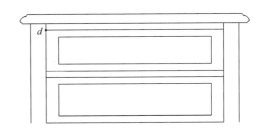

图 2-2-81　绘制矩形

（12）在命令行中输入"EL"，激活"椭圆"命令，以矩形的中心为中心点，绘制一个长轴为 72，短轴为 42 的椭圆，如图 2-2-82 所示。用同样的方法在下边的矩形内绘制椭圆把手（复制也可以），如图 2-2-83 所示。

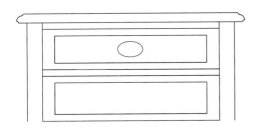

图 2-2-82　绘制椭圆把手

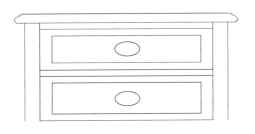

图 2-2-83　复制图形

（13）在命令行中输入"L"，激活"直线"命令，分别以图中 e、f 两点为起点绘制两条直线，长度分别为 10 和 50，另一侧直线也如此操作，如图 2-2-84 所示。

（14）在命令行中输入"A"和"L"，激活"圆弧"和"直线"命令，以图 2-2-85 中 g 点为起点，绘制如图 2-2-85 所示图形。

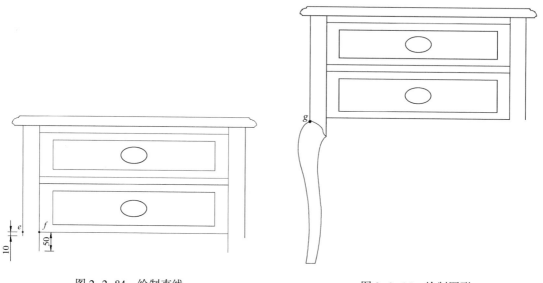

图 2-2-84　绘制直线

图 2-2-85　绘制图形

（15）在命令行中输入"A"，激活"圆弧"命令，以图 2-2-86 中 h 点为基点，向上偏移 2 为起点，绘制曲线。

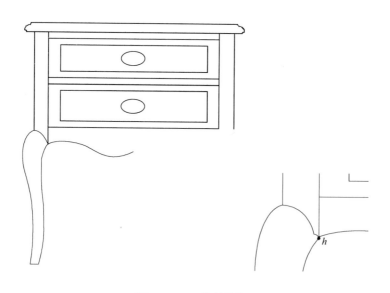

图 2-2-86　绘制曲线

（16）在命令行中输入"MI"，激活"镜像"命令，将柜子腿及曲线图形镜像到另一侧，如图2-2-87所示。

（17）在命令行中输入"O"，激活"偏移"命令，将直线 i 向下偏移，距离为3，如图2-2-88所示。

（18）在已绘制好花纹的AutoCAD界面中选中花纹，点击"文件输出块"，保存。然后回到床头柜主视图界面插入块，选择刚刚保存的花纹，并且移动到如图2-2-89所示位置。至此，床头柜的主视图绘制完成。

图 2-2-87　镜像图形

图 2-2-89　床头柜主视图

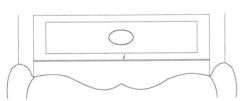

图 2-2-88　偏移直线

二、绘制床头柜的俯视图

（1）将图层切换到"轮廓线"图层。在命令行中输入"REC"，激活"矩形"命令，绘制一个尺寸为 667×440 的矩形，如图2-2-90所示。

（2）在命令行中输入"F"，激活"圆角"命令，将矩形左下角和右下角倒成圆

图 2-2-90　绘制矩形

角，半径为 45，如图 2-2-91 所示。

（3）在命令行中输入"X"，激活"分解"命令，将倒成圆角的图形分解。

（4）在命令行中输入"O"，激活"偏移"命令，将分解后的图形向内部偏移，距离分别为 17.7 和 21.7，如图 2-2-92 所示。

图 2-2-91　矩形倒圆角

图 2-2-92　偏移图形

（5）选中偏移后新生成的图形，点击图层管理器下拉箭头，选中"虚线"图层，将图形移动到虚线图层，如图 2-2-93 所示。至此，完成床头柜俯视图的绘制。

图 2-2-93　床头柜俯视图

三、绘制床头柜的左视图

（1）将图层切换到"轮廓线"图层。在命令行中输入"REC"，激活"矩形"命令，绘制一个尺寸为 440×26 的矩形，如图 2-2-94 所示。

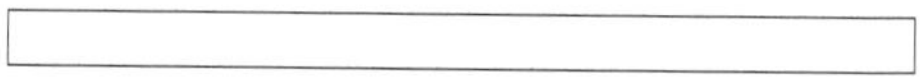

图 2-2-94　绘制矩形

（2）在命令行中输入"CO"，激活"复制"命令，以图中 a 点为基点，向左偏移 6.5 为基点，复制主视图中对应的曲线图形，如图 2-2-95 所示。

（3）在命令行中输入"TR"，激活"修剪"命令，对图形进行修剪操作，如图 2-2-96 所示。

图 2-2-95　复制曲线

图 2-2-96　修剪图形

（4）在命令行中输入"L"，激活"直线"命令，以图 2-2-97 中 b 点为基点，分别向右偏移 15 和 60 作为起点，向下绘制两条直线，长度分别为 681 和 335，再以 c 点为起点，绘制一条水平直线，长度为 26，再以该直线的端点为起点，连接长度为 335 线段的端点，形成闭合图形，如图 2-2-97 所示。

（5）在命令行中输入"L"，激活"直线"命令，以图 2-2-97 中 b 点为基点，分别向右偏移 365 和 410 作为起点，向下绘制两条直线，长度分别为 330 和 290，如图 2-2-98 所示。

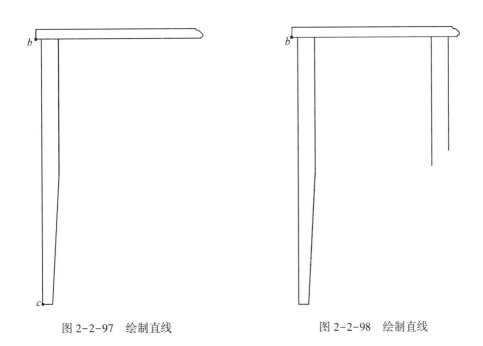

图 2-2-97　绘制直线　　　　　　　　　　　　　图 2-2-98　绘制直线

（6）在命令行中输入"L"，激活"直线"命令，以 d 点为基点，向下偏移 35 为起点，绘制一条直线，长度为 305，如图 2-2-99 所示。

（7）在命令行中输入"O"，激活"偏移"命令，将刚绘制的直线向下偏移，距离分别为 245 和 248，如图 2-2-100 所示。

（8）在命令行中输入"CO"，激活"复制"命令，以图 2-2-101 中 e 点为基点，将主视图中凳子腿曲线复制到左视图对应的位置，如图 2-2-101 所示。

（9）在命令行中输入"A"，激活"圆弧"命令，以图 2-2-102 中 f 点为基点，向下偏移 47 为起点，绘制一段曲线，如图 2-2-102 所示。

（10）在命令行中输入"MI"，激活"镜像"命令，将步骤（9）中绘制的曲线镜像到另一侧，如图 2-2-103 所示。

（11）在已绘制好花纹的 AutoCAD 界面中选中花纹，点击"文件输出块"，保存。然后回到床头柜左视图界面插入块，选择刚刚保存的花纹，并且移动到如图 2-2-104 所示位置。至此，床头柜的左视图绘制完成。

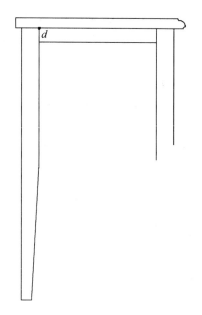

图 2-2-99　绘制直线

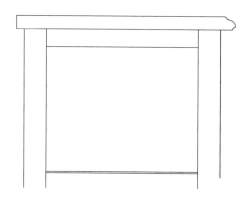

图 2-2-100　偏移直线

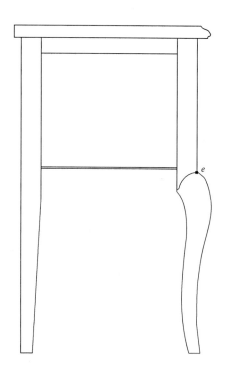

图 2-2-101　复制曲线

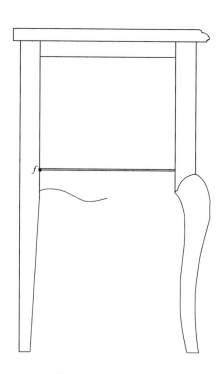

图 2-2-102　绘制曲线

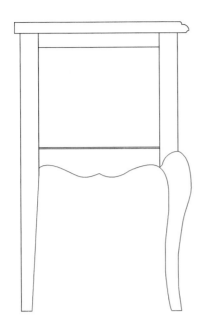

图 2-2-103　镜像曲线

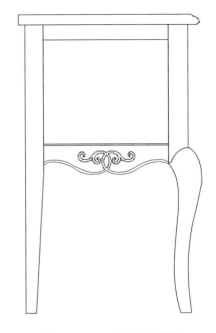

图 2-2-104　床头柜左视图

四、进行尺寸标注

将图层切换到"尺寸标注"图层，利用"尺寸标注"命令对绘制的床头柜三视图进行标注，标注尺寸见前文中图 2-2-70 所示。

项目三　挂衣架的绘制

挂衣架在每个家庭里都发挥着一定的作用，能够随手将衣物挂上，也能够快速轻松取下。通过本案例学习，大家可熟悉挂衣架的尺寸要求，进一步掌握二维、三维绘图命令，能熟练绘制挂衣架的三视图、三维实体图。

任务一　挂衣架三视图绘制

学习目标：掌握挂衣架三视图的绘制方法，灵活运用 FROM 命令确定点的位置。
应知理论："三等"规律的画法几何原则，AutoCAD 相关命令的运用。
应会技能：能综合挂衣架的结构与 AutoCAD 相关知识绘制挂衣架的三视图。

一、案例分析

本案例要求绘制如图 2-2-105 所示挂衣架的三视图，并进行尺寸标注。主要利用矩形（REC）、圆弧（A）、圆（C）、偏移（O）、修剪（TR）、移动（M）、圆角（F）、镜像（MI）等命令。

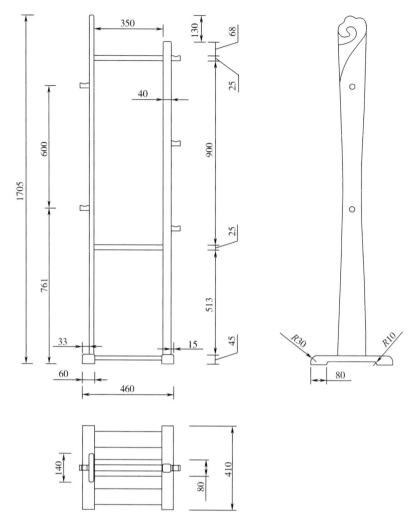

图 2-2-105　挂衣架三视图

二、设置绘图环境

（1）打开 AutoCAD 软件，新建一个文档。

（2）设置图形界限。单击菜单"格式" > "图形界限"（或输入 lim）命令，设置图形界限为"5000×5000"。

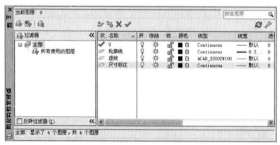

图 2-2-106　图层设置

（3）设置图形单位。单击菜单"格式" > "单位"（或输入 UN）命令，打开"图形单位"对话框，设置单位后点击"确定"按钮结束。

（4）创建图层。点击工具栏的"图层特性管理器"按钮（或输入"LA"），创建图层，如图 2-2-106 所示。

①轮廓线图层：颜色黑色，线型连续线，线宽 0.3。

②虚线图层：颜色黑色，线型虚线，线宽默认。

③尺寸标注图层：颜色黑色，线型连续线，线宽默认。

三、绘制挂衣架的主视图

（1）将图层切换到"轮廓线"图层。在命令行中输入"REC"，激活"矩形"命令，绘制一个尺寸为 60×45 的矩形，如图 2-2-107 所示。

（2）在命令行中输入"F"，激活"圆角"命令，将矩形的左上角和右上角倒成圆角，半径为 5，如图 2-2-108 所示。

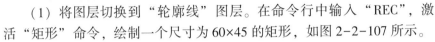

図 2-2-107　绘制矩形 　　　　　　　　　図 2-2-108　倒圆角

（3）在命令行中输入"REC"，激活"矩形"命令，以上图中矩形右下角点为基点，向上偏移 18 作为左下角点，绘制一个尺寸为 340×22 的矩形，如图 2-2-109 所示。

（4）在命令行中输入"MI"，激活"镜像"命令，将小矩形镜像到图形的另一侧，如图 2-2-110 所示。

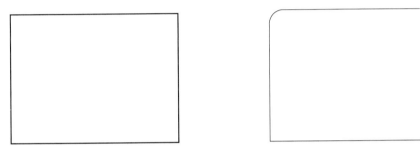

图 2-2-109　绘制矩形 　　　　　　　　图 2-2-110　镜像图形

（5）在命令行中输入"REC"，激活"矩形"命令，以图 2-2-111 中 a 点为基点，偏移（@33，45），作为左下角点，绘制一个尺寸为 22×1660 的矩形，如图 2-2-111 所示。

（6）在命令行中输入"REC"，激活"矩形"命令，以图 2-2-112 中 b 点为基点，偏移（-15，45），作为右下角点，绘制一个尺寸为 40×1530 的矩形；以图中 b 点为基点，偏移（-55,558），作为右下角点，绘制一个尺寸为 350×25 的矩形；以图中 b 点为基点，偏移（-55,1483），作为右下角点，绘制一个尺寸为 350×25 的矩形，如图 2-2-112 所示。

（7）绘制挂钩。在命令行中输入"REC"，激活"矩形"命令，绘制一个尺寸为3×25 的矩形。在命令行中输入"CHA"，激活"倒角"命令，将矩形的左上角和左下角进行倒角操作，距离均为 3，如图 2-2-113 所示。

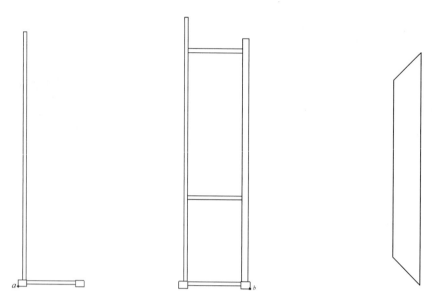

图 2-2-111　绘制矩形（1）　　图 2-2-112　绘制矩形（2）　　图 2-2-113　绘制矩形并倒角

（8）在命令行中输入"PL"，激活"多段线"命令，以 c 点为起点，绘制一段多段线，如图 2-2-114 所示。

（9）在命令行中输入"CO"，激活"复制"命令，将绘制好的挂钩复制到相应的位置，完成挂衣架的主视图绘制，如图 2-2-115 所示。

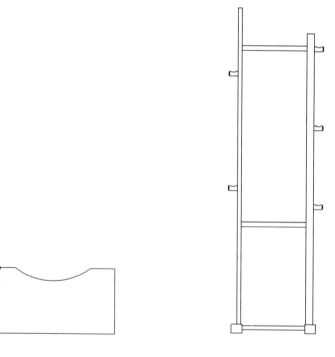

图 2-2-114　绘制多段线　　　　图 2-2-115　挂衣架主视图

四、绘制挂衣架的俯视图

（1）将图层切换到"轮廓线"图层。在命令行中输入"REC"，激活"矩形"命令，绘制一个尺寸为 60×410 的矩形，如图 2-2-116 所示。

（2）在命令行中输入"REC"，激活"矩形"命令，以图 2-2-117 中 d 点为基点，向下偏移 25 作为左上角点，绘制一个尺寸为 340×80 的矩形，如图 2-2-117 所示。

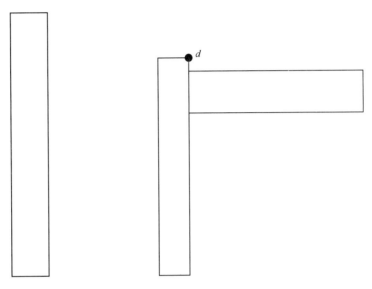

图 2-2-116　绘制矩形（1）　　　　图 2-2-117　绘制矩形（2）

（3）在命令行中输入"CO"，激活"复制"命令，将尺寸为 340×80 的矩形向下复制 2 个，距离分别为 140 和 280，如图 2-2-118 所示。

（4）在命令行中输入"MI"，激活"镜像"命令，镜像图形，如图 2-2-219 所示。

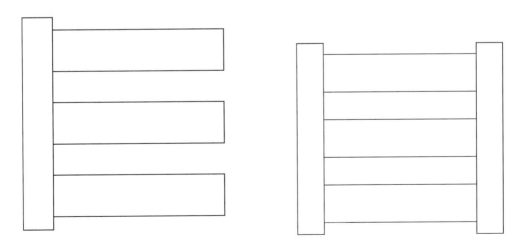

图 2-2-118　复制矩形　　　　　　　图 2-2-119　镜像图形

（5）在命令行中输入"REC"，激活"矩形"命令，绘制一个尺寸为 50×25 的矩形；在命令行中输入"X"，激活"分解"命令，将刚绘制的矩形分解。

（6）在命令行中输入"O"，激活"偏移"命令，将分解后矩形的左侧边向右偏移，距离分别为 3，10，40，如图 2-2-120 所示。

（7）在命令行中输入"CHA"，激活"倒角"命令，倒角距离设置均为 3，如图 2-2-121 所示。

图 2-2-120　偏移直线

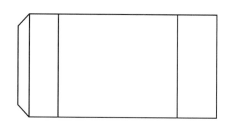

图 2-2-121　倒角

（8）在命令行中输入"REC"，激活"矩形"命令，以图 2-122 中 *e* 点为基点，向上偏移 70 作为左上角点，绘制一个尺寸为 22×140 的矩形；以图中 *e* 点为基点，偏移距离（22，15），作为左上角点，绘制一个尺寸为 350×30 的矩形；以图中 *e* 点为基点，偏移距离（372,20），作为左上

图 2-2-122　绘制矩形

角点，绘制一个尺寸为 40×40 的矩形，如图 2-2-122 所示。

（9）利用镜像、移动等命令在图 2-2-122 的右侧绘制挂钩的俯视图，如图 2-2-123 所示。

（10）在命令行中输入"F"，激活"圆角"命令，设置圆角半径为 5，如图 2-2-124 所示，对图形进行倒圆角操作。

（11）在命令行中输入"M"，激活"移动"命令，将图 2-2-124 移动到俯视图对应的位置，并进行修剪操作，完成挂衣架的俯视图绘制，如图 2-2-125 所示。

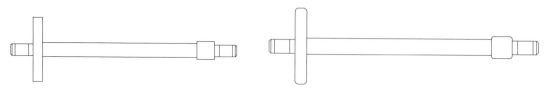

图 2-2-123　绘制图形

图 2-2-124　圆角操作

五、绘制挂衣架的左视图

（1）将图层切换到"轮廓线"图层。在命令行中输入"PL"，激活"多段线"命令，按标注尺寸绘制一段多段线，如图 2-2-126 所示。

（2）在命令行中输入"F"，激活"圆角"命令，按照图中尺寸将各角进行圆角操作，如图 2-2-127 所示。

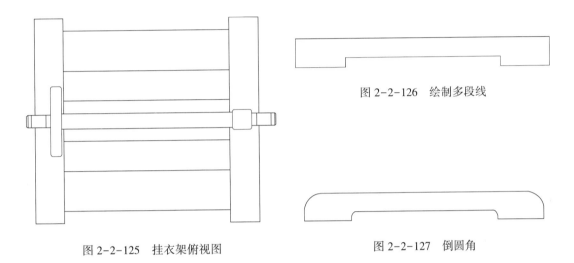

图 2-2-125　挂衣架俯视图

图 2-2-126　绘制多段线

图 2-2-127　倒圆角

（3）在命令行中输入"A"，激活"圆弧"命令，绘制左视图中的曲线，如图 2-2-128 所示。

（4）以图中 f 点为起点，绘制一条水平直线，长度为 140，并以此线的中垂线为镜像线，将曲线进行镜像操作，如图 2-2-129 所示。

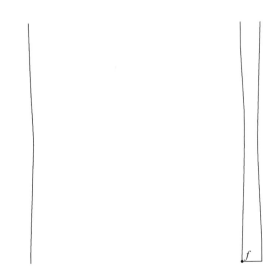

图 2-2-128　绘制曲线

图 2-2-129　绘制图形

（5）利用"移动"命令将图 2-2-129 移动至底座上方，与底座中点对正。

（6）在命令行中输入"C"，激活"圆"命令，绘制两个直径为 25 的圆，并移动至图 2-2-130 中所标注尺寸的位置，如图 2-2-130 所示。

（7）在已绘制好花纹的 AutoCAD 界面中选中花纹，点击"文件输出块"，保存。然后回到挂衣架左视图界面插入块，选择刚刚保存的花纹，并且移动到如图 2-2-131 所示位置。至此，挂衣架的左视图绘制完成。

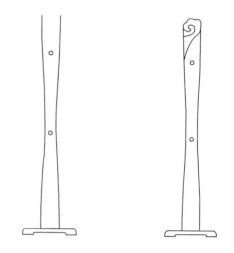

图 2-2-130　绘制圆形　图 2-2-131　挂衣架左视图

六、进行尺寸标注

将图层切换到"尺寸标注"图层，利用尺寸标注命令对绘制的挂衣架三视图进行标注，标注尺寸见前文图 2-2-106 所示。

作业与思考

绘制如图 2-2-132 所示花架三视图，并且进行尺寸标注。

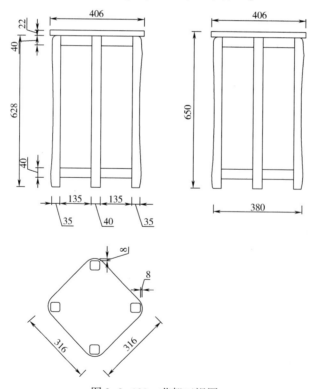

图 2-2-132　花架三视图

任务二　挂衣架三维实体图绘制

　　学习目标：掌握挂衣架三维实体图的绘制方法，灵活运用创建三维实体的命令。

　　应知理论：三视图读图基础，AutoCAD 相关命令的运用。

　　应会技能：能将实体绘制方法与 AutoCAD 相关知识结合绘制出挂衣架的三维实体图形。

一、案例分析

　　本案例要求绘制如图 2-2-133 所示挂衣架的三维实体图形，尺寸以任务一中为准，本任务需用到矩形（REC）、复制（CO）、移动（M）、拉伸（S）、三维拉伸（EXT）、三维镜像（MIRROR3d）等命令。

二、设置绘图环境

　　（1）打开中文 AutoCAD 软件，新建一个文档。

　　（2）设置图形界限。单击菜单"格式"＞"图形界限"命令，设置图形界限为"10000×10000"。

　　（3）设置图形单位。输入"UN"，打开"图形单位"对话框，设置单位后点击"确定"按钮结束。

　　（4）创建图层。点击工具栏的"图层特性管理器"按钮（或输入"LA"），创建图层，如图 2-2-134 所示。轮廓线图层：颜色黑色，线型连续线，线宽 0.3。

三、绘制挂衣架三维实体图形

　　（1）将图层切换到"轮廓线"图层，在命令行中输

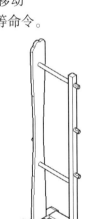

图 2-2-133　挂衣架三维实体图

入"v"，打开"视图管理器"窗口，如图 2-2-135 所示。双击"西南等轴测"选项，点击"确定"按钮，将视图切换到"西南等轴测"，如图 2-2-136 所示。

图 2-2-134　图层设置

　　（2）在命令行中输入"v"，打开"视图管理器"窗口，切换到主视图。按照任务一中挂衣架左视图中的绘图方法和尺寸，利用"多段线""圆角"命令绘制如图 2-2-137 所示图形。

　　（3）将视图切换到"西南等轴测"，在命令行中输入"UCS"，按两次回车，将坐标系变回世界坐标系，即图 2-2-136 所示的坐标系方向。

　　（4）在命令行中输入"EXT"，激活"拉伸实体"命令，将图 2-2-137 拉伸成实体，距离为 60，如图 2-2-138 所示。

图 2-2-135　视图管理器

图 2-2-136　西南等轴测视角

图 2-2-137　绘制多段线

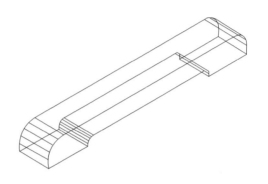

图 2-2-138　拉伸图形

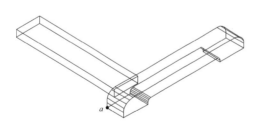

图 2-2-139　绘制长方体

（5）在命令行中输入"BOX"，激活"长方体"命令，以图 2-2-139 中 a 点为基点，偏移（@ 25，0，18）作为角点，绘制一个尺寸为 80×340×22 的长方体，如图 2-2-139 所示。

（6）在命令行中输入"CO"，激活"复制"命令，将图 2-2-139 中绘制的长方体沿 X 轴方向复制 2 个，距离分别为 140 和 280，如图 2-2-140 所示。

（7）在命令行中输入"MIRROR3d"，激活"三维镜像"命令，将底座边撑镜像到另一侧，如图 2-2-141 所示。

（8）将视图切换到主视图，根据任务一中挂衣架左视图的绘制方法及相关尺寸，绘制如图 2-2-142 所示的闭合图形。在命令行中输入"REG"，激活"面域"命令，将该闭合图形创建成面域。

（9）将视图切换到"西南等轴测"，并将坐标系变回世界坐标系。在命令行中输入"EXT"，激活"三维拉伸"命令，将图 2-2-142 拉伸成实体，距离为 22，如图 2-2-143 所示。

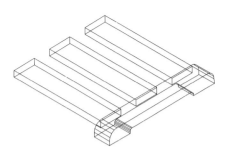

图 2-2-140　复制长方体

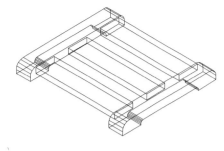

图 2-2-141　三维镜像

（10）在命令行中输入"M"，激活"移动"命令，将图 2-2-143 中的实体移动到图 2-2-144 中所示位置。选择 *b* 点为移动的基点，目标点以图中 *c* 点为基点，偏移（135,5,45）。

（11）在命令行中输入"BOX"，激活"长方体"命令，绘制尺寸为 40×40×1530 的长方体。在命令行中输入"M"，激活"移动"命令，将刚绘制的长方体移动到如图 2-2-145 所示的位置。

（12）将视图切换到主视图，在命令行中输入"C"，激活"圆"命令，绘制一个直径为 25 的圆。将视图切换到"西南等轴测"，并将坐标系变回世界坐标系。在命令行中输入"EXT"，激活"三维拉伸"命令，将圆拉伸成实体，距离为 350，如图 2-2-146 所示。

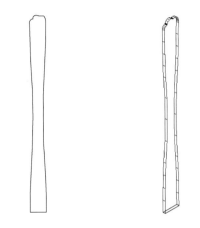

图 2-2-142　创建面域　　图 2-2-143　拉伸图形

图 2-2-144　移动实体

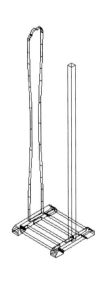

图 2-2-145　绘制长方体并移动

（13）根据尺寸标注，将圆柱移动到相应的位置，再复制一个到对应的位置，如图2-2-147所示。

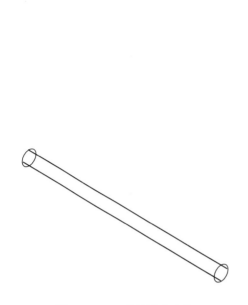

图 2-2-146　拉伸圆成实体

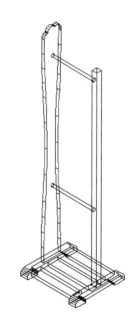

图 2-2-147　复制并移动圆柱

（14）将视图切换到主视图，在命令行中输入"C"，激活"圆"命令，绘制一个直径为25的圆。将视图切换到"西南等轴测"，并将坐标系变回世界坐标系。在命令行中输入"EXT"，激活"三维拉伸"命令，将圆拉伸成圆柱实体，距离为50。在命令行中输入"CHA"，激活"倒角"命令，对圆柱进行倒角操作，如图2-2-148所示。

（15）将视图切换到左视图，用"多段线"命令绘制如图2-2-149所示图形。

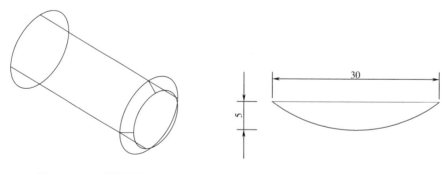

图 2-2-148　圆柱倒角

图 2-2-149　绘制多段线

（16）在当前视图下，在命令行中输入"M"，激活"移动"命令，对多段线进行移动操作。选择 d 点为移动基点，以图中 e 点为移动基点，偏移（@-10,12.5,100），将多段线移动到图2-2-150所示位置。

（17）将视图切换到"西南等轴测"，并将坐标系变回世界坐标系。在命令行中输入"EXT"，激活"三维拉伸"命令，将多段线拉伸成实体，距离为200，如图2-2-151所示。

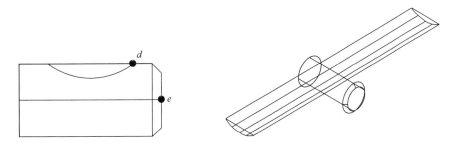

图2-2-150 移动多段线　　　　　图2-2-151 拉伸多段线

（18）在命令行中输入"SU"，激活"差集"命令，先选择圆柱，按回车，再选择多段线拉伸的实体，按回车，生成如图2-2-152所示实体。

（19）在命令行中输入"M"，激活"移动"命令，选择 *f* 点为基点，选择 *g* 点为移动基点，偏移（@0,0,-80），将挂衣柱移动到如图2-2-153所示位置。

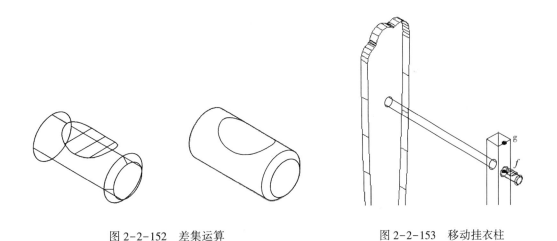

图2-2-152 差集运算　　　　　　图2-2-153 移动挂衣柱

（20）根据标注，利用"复制"命令将挂衣柱复制到相应的位置，如图2-2-154所示，完成挂衣架三维实体图的绘制。

四、绘制挂衣架安装示意图

安装示意图即指导家具安装的图纸，一般是用三维图形表达各零部件的轮廓，尽量集中在一张图纸上，以表示其装配位置、装配关系等情况的图纸。

绘制挂衣架的安装示意图，可将本任务中挂衣架的三维实体图各零部件拆开一定距离，再配以一定的文字解释即可完成挂衣架的安装示意图绘制，如图2-2-155所示。

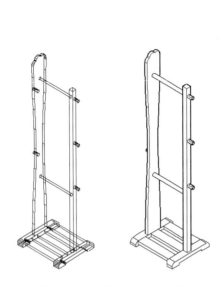

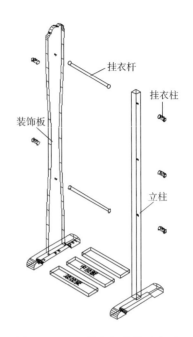

图 2-2-154 挂衣架三维实体图   图 2-2-155 挂衣架安装示意图

项目四 衣柜的绘制

衣柜是主要的储物家具，是卧室家具的主要组成部分，也是提高空间使用率的一部分。现如今的衣柜款式众多，已成为人们生活中的必需品。通过本案例的学习，大家可熟悉衣柜类家具的尺寸要求，加深对二维绘图命令的掌握，能熟练绘制家具的三视图。

任务一 衣柜三视图绘制

学习目标：掌握衣柜三视图的绘制方法，灵活运用 FROM 命令确定点的位置。

应知理论："三等"规律的画法几何原则，AutoCAD 相关命令的运用。

应会技能：能综合衣柜结构与 AutoCAD 相关知识绘制衣柜的三视图。

一、案例分析

本案例要求绘制如图 2-2-156 所示衣柜的三视图，并进行尺寸标注。主要利用矩形（REC）、复制（CO）、修剪（TR）、移动（M）、圆角（F）、镜像（MI）、延伸（EX）等命令。

二、设置绘图环境

（1）打开中文 AutoCAD 软件，新建一个文档。

（2）设置图形界限。单击菜单"格式" > "图形界限"命令，设置图形界限为

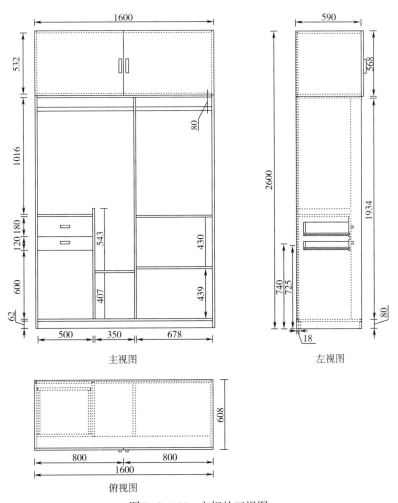

图 2-2-156　衣柜的三视图

"5000×5000"。

（3）设置图形单位。单击菜单"格式"＞"单位"（或输入 UN）命令，打开"图形单位"对话框，设置单位后点击"确定"按钮结束。

（4）创建图层。点击工具栏的"图层特性管理器"按钮（或输入"LA"），创建图层，如图 2-2-157 所示。

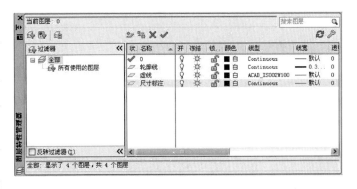

图 2-2-157　图层设置

①轮廓线图层：颜色黑色，线型连续线，线宽 0.3。

②虚线图层：颜色黑色，线型虚线，线宽默认。

③尺寸标注图层：颜色黑色，线型连续线，线宽默认。

图 2-2-158　绘制矩形

三、绘制衣柜的主视图

（1）将图层切换到"轮廓线"图层。在命令行中输入"REC"，激活"矩形"命令，创建一个 1600×2600 的矩形，如图 2-2-158 所示。

（2）在命令行中输入"X"，激活"分解"命令，将绘制的矩形炸开。

（3）在命令行中输入"O"，激活"偏移"命令，输入偏移距离都为 18，将矩形顶边向下、左边向右、右边向左偏移；重复"偏移"命令，矩形底边向上分别偏移 62 和 18，生成图形如图 2-2-159 所示。

（4）在命令行中输入"TR"，激活"修剪"命令，将图形修剪成如图 2-2-160 所示。

图 2-2-159　偏移

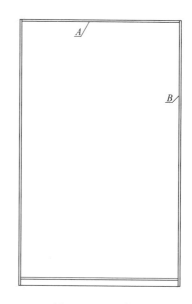

图 2-2-160　修剪

（5）在命令行中输入"O"，激活"偏移"命令，输入偏移距离依次为 532，18，18，选择线段 A 向下偏移；选择线段 B 向左偏移，输入偏移距离依次为 678，18，330 和 18，生成图形如图 2-2-161 所示。

（6）在命令行中输入"TR"，激活"修剪"命令，将图形修剪成如图 2-2-162 所示。

（7）在命令行中输入"L"，激活"直线"命令，绘制如图 2-2-163 所示线段。输入偏移距离分别为 600，120，180，18 和 50，选择线段 C 向上偏移；选择线段 D 向上偏移，输入偏移距离分别为 407 和 18；选择线段 E 向上偏移，输入偏移距离分别为 439，18，430，18，生成图形如图 2-2-164 所示。

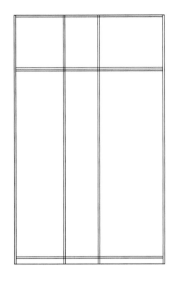

图 2-2-161 重复偏移   图 2-2-162 修剪图形

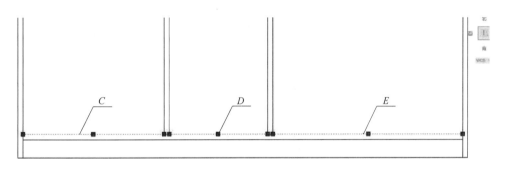

图 2-2-163 绘制新图形

（8）在命令行中输入"EX"，激活"延伸"命令，将线段 F 延伸至 G 边，如图 2-2-164 和图 2-2-165 所示。

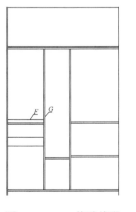

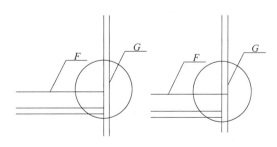

图 2-2-164 偏移线段   图 2-2-165 延伸线

（9）在命令行中输入"TR"，激活"修剪"命令，将图形修剪成如图 2-2-166 所示。

（10）在命令行中输入"L"，激活"直线"命令，两线中点绘制图 2-2-167 中所示的线段 H，再删除线段 I 和 J。

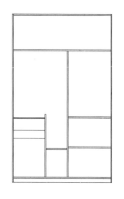

图 2-2-166 修剪图形

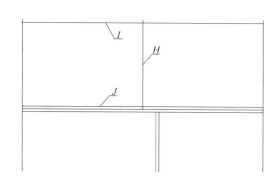

图 2-2-167 绘制直线

（11）在命令行中输入"EX"，激活"延伸"命令，将线段 K 两端往左右延伸，如图 2-2-168 所示。

（12）在命令行中输入"REC"，激活"矩形"命令，绘制一个矩形，尺寸为 80×（-20），基点选择图 2-2-169 中的 a 点。

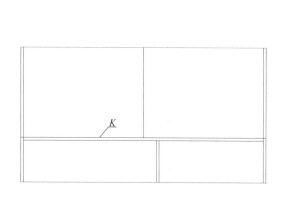

图 2-2-168 延伸线

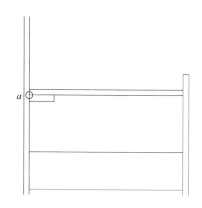

图 2-2-169 选择基点

（13）在命令行中输入"M"，激活"移动"命令，将矩形拉手移动到如图 2-2-170 所示位置，选择图 2-2-169 中的 a 点为图形基点。选择位移时利用"FROM"命令，以图 2-2-169 中的 a 点为基点，输入相对坐标为（@210,-80），完成移动。

（14）在命令行中输入"CO"，激活"复制"命令，将拉手复制到如图 2-2-171 所示位置。基点选择图 2-2-170 中的 a 点，利用"FROM"命令，以 a 点为基点，输入相对坐标为（@0,-140），绘制裤抽的拉手。

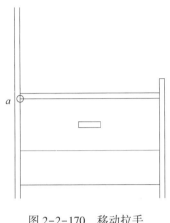

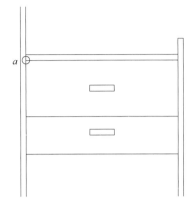

图 2-2-170 移动拉手 图 2-2-171 复制拉手

（15）在命令行中输入"REC"，激活"矩形"命令，绘制一个矩形，尺寸为20×120，基点选择图 2-2-172 中的 *b* 点。

（16）在命令行中输入"M"，激活"移动"命令，将矩形拉手移动到图 2-2-173 所示的位置，选择图 2-2-172 中的 *b* 点为图形基点，选择位移时利用"FROM"命令，以图 2-2-172 中的 *b* 点为基点，输入相对坐标为（@20,200），完成移动。

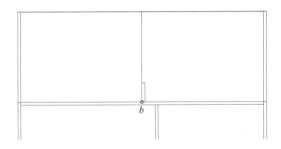

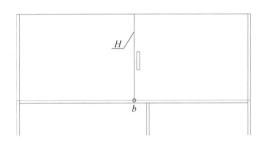

图 2-2-172 指定基点绘制矩形 图 2-2-173 移动拉手

（17）在命令行中输入"MI"，激活"镜像"命令，将柜门拉手镜像到图 2-2-174 所示的位置，镜像线选择图 2-2-173 中的直线 *H*。

（18）在命令行中输入"O"，激活"偏移"命令，将 *W* 线向下偏移，偏移距离依次为80和33，生成图形如图 2-2-175 所示。

（19）在命令行中输入"TR"，激活"修剪"命令，将图形修剪成如图 2-2-176 所示。

四、绘制衣柜的俯视图

（1）将图层切换到"轮廓线"图层，在命令行中输入"REC"，激活"矩形"命令，绘制一个尺寸为1600×608的矩形，注意矩形的左轮廓线与主视图对齐，如图 2-2-177 所示。

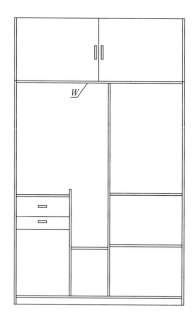

图 2-2-174　镜像拉手

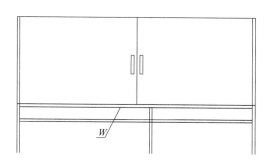

图 2-2-175　线偏移

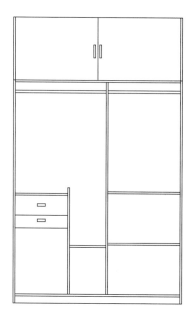

图 2-2-176　衣柜主视图

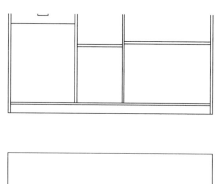

图 2-2-177　绘制矩形

（2）在命令行中输入"X"，激活"分解"命令，将绘制的矩形炸开。

（3）在命令行中输入"O"，激活"偏移"命令，输入偏移距离都为 18，将矩形顶边向下、底边向上、左边向右、右边向左偏移，生成图形如图 2-2-178 所示。

（4）在命令行中输入"O"，激活"偏移"命令，输入偏移距离都为 9，将图 2-2-179 中的线段 O 向上偏移 9；输入偏移距离都为 6，线段 P 向左偏移，线段 Q 向右偏移，生成图形如图 2-2-179 所示。

图 2-2-178　偏移线

图 2-2-179　偏移多条线

（5）在命令行中输入"TR"，激活"修剪"命令，将图形修剪成如图 2-2-180 所示。

（6）在命令行中输入"L"，激活"直线"命令，两线中点绘制图 2-2-181 中所示的线段。

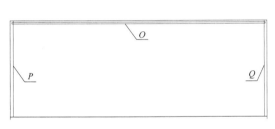

图 2-2-180　修剪图形

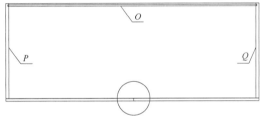

图 2-2-181　通过指定点绘制直线

（7）将图 2-2-181 中不可见的线转为虚线图层，如图 2-2-182 所示。

（8）在命令行中输入"O"，激活"偏移"命令，将图 2-2-182 中的线段 P 向右偏移，偏移距离依次为 500，18，350，18，如图 2-2-183 所示。

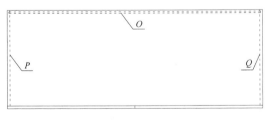

图 2-2-182　虚线图层

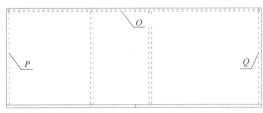

图 2-2-183　偏移指定线

（9）在命令行中输入"O"，激活"偏移"命令，将图 2-2-184 中的线段 P 向右偏移，偏移距离依次为 13 和 18；线段 R 向左偏移，偏移距离依次为 13 和 18；线段 S 向下偏移，偏移距离依次为 46，18，390 和 18，如图 2-2-184 所示。

（10）在命令行中输入"TR"，激活"修剪"命令，将图形修剪成如图 2-2-185 所示。

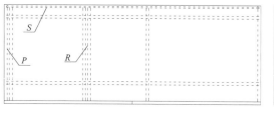

图 2-2-184　偏移多条线　　　　　　　　图 2-2-185　修剪线条

（11）在命令行中输入"REC"，激活"矩形"命令，绘制一个矩形，尺寸为 20×（-20），基点选择图 2-2-186 中的 *c* 点。

（12）在命令行中输入"M"，激活"移动"命令，将矩形拉手移动到图 2-2-187 所示位置，选择图 2-2-186 中的 *c* 点为图形基点，选择位移时利用"FROM"命令，以图 2-2-186 中的 *c* 点为基点，输入相对坐标为（@0,20），完成移动。

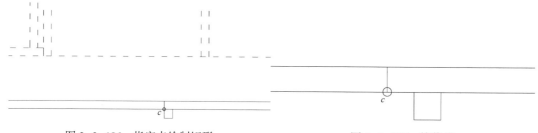

图 2-2-186　指定点绘制矩形　　　　　　图 2-2-187　镜像线

（13）在命令行中输入"MI"，激活"镜像"命令，将柜门拉手镜像到图 2-2-188 所示位置。镜像线选择图 2-2-187 中的 *c* 点所在的垂直线。

五、绘制衣柜的左视图

（1）将图层切换到"轮廓线"图层，在命令行中输入"REC"，激

图 2-2-188　衣柜俯视图

活"矩形"命令，绘制一个尺寸为 2600×608 的矩形，注意矩形的上轮廓线与主视图对齐，如图 2-2-189 所示。

（2）在命令行中输入"X"，激活"分解"命令，将绘制的矩形炸开。

（3）在命令行中输入"O"，激活"偏移"命令，将图矩形的顶线向下偏移，偏移距离依次为 12 和 6；左边向右偏移，偏移距离均为 9；右边向左偏移，偏移距离依次为 18 和 100；底边向上偏移，偏移距离依次为 62，12 和 6，如图 2-2-190 所示。

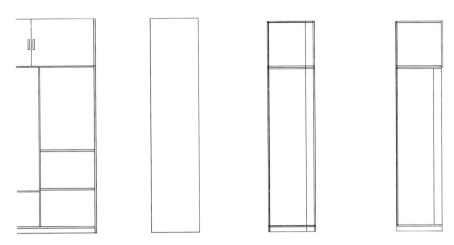

图 2-2-189　绘制矩形　　　图 2-2-190　多次偏移　图 2-2-191　修剪图形

（4）在命令行中输入"TR"，激活"修剪"命令，将图形修剪成如图 2-2-191 所示。

（5）在命令行中输入"O"，激活"偏移"命令，将图 2-2-297 左图中的线段 *T* 分别向上下偏移，偏移距离均为 12，如 2-2-192 右图所示。

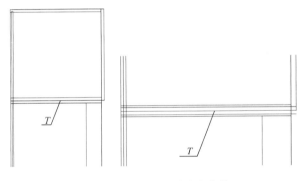

图 2-2-192　上下偏移指定线

（6）在命令行中输入"TR"，激活"修剪"命令，将图形修剪成如图 2-2-193 所示。

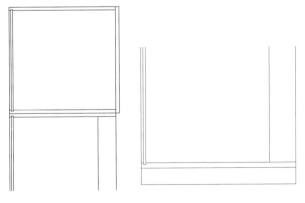

图 2-2-193　修剪指定线

（7）将图 2-2-193 中不可见的线转为虚线图层，如图 2-2-194 所示。

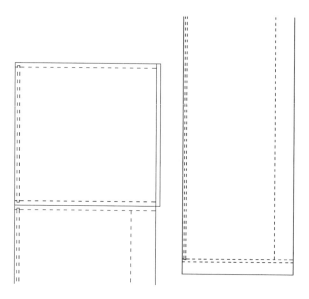

图 2-2-194　转为虚线图层

（8）在命令行中输入"O"，激活"偏移"命令，如图 2-2-195 所示，将图中的线段 A_1 向左偏移，偏移距离依次为 18，390，18；将图中的线段 A_2 向上偏移，偏移距离依次为 600，120，180，18，50。

（9）在命令行中输入"TR"，激活"修剪"命令，将图形修剪成如图 2-2-196 所示。

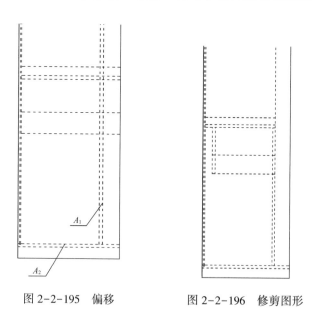

图 2-2-195　偏移　　　　图 2-2-196　修剪图形

（10）在命令行中输入"O"，激活"偏移"命令，如图 2-2-197 所示，将图中的线段 A_3 向上偏移，偏移距离依次为 10，10，5，105；将图中的线段 A_4 向上偏移，偏移距离依次为 10，10，10，50。

（11）在命令行中输入"TR"，激活"修剪"命令，将图形修剪成如图 2-2-198 所示。

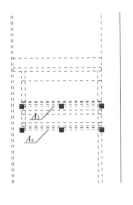

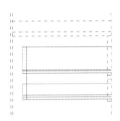

图 2-2-197　偏移线条　　　　　　　图 2-2-198　修剪线条

（12）在命令行中输入"O"，激活"偏移"命令，如图 2-2-199 所示，将图中的线段 A_5 和 A_6 向左右分别偏移，偏移距离为 6。

（13）在命令行中输入"TR"，激活"修剪"命令，将图形修剪成如图 2-2-200 所示。

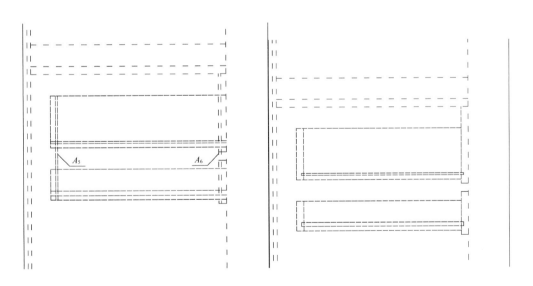

图 2-2-199　偏移指定线　　　　　　　图 2-2-200　修剪图形

（14）在命令行中输入"REC"，激活"矩形"命令，绘制一个矩形，尺寸为 20×（-20），基点选择图 2-2-201 中的 d 点。

（15）在命令行中输入"M"，激活"移动"命令，将矩形拉手移动到图 2-2-202 所示位置。选择位移时利用"FROM"命令，以图 2-2-202 中的 d 点为基点，输入相对坐标为（@0，-80），完成移动。

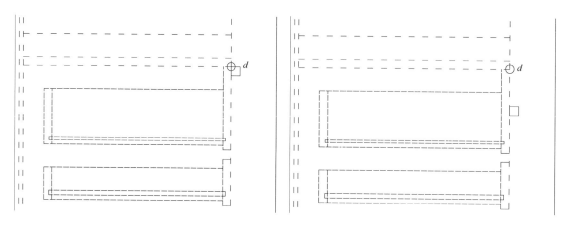

图 2-2-201　指定基点　　　　　　　　图 2-2-202　移动图形

（16）在命令行中输入"CO"，激活"复制"命令，将拉手复制到如图 2-2-203 所示位置。基点选择图 2-2-201 中的 d 点，利用"FROM"命令，输入相对坐标为（@0，-140），绘制出裤抽的拉手，再将两抽屉拉手转为虚线。

（17）在命令行中输入"REC"，激活"矩形"命令，绘制一个矩形，尺寸为 20×120，基点选择图 2-2-204 中的 e 点。

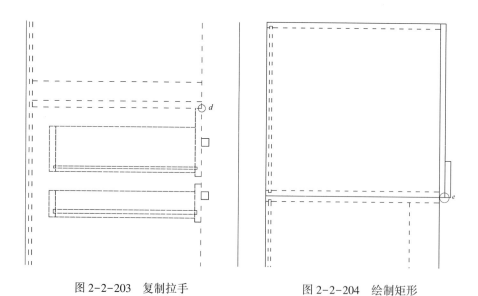

图 2-2-203　复制拉手　　　　　　　　图 2-2-204　绘制矩形

（18）在命令行中输入"M"，激活"移动"命令，将矩形拉手移动到如图 2-2-205 所示位置。选择位移时利用"FROM"命令，以图 2-2-204 中的 e 点为基点，输入相对坐标为（@0，200），完成移动。

（19）在命令行中输入"REC"，激活"矩形"命令，绘制一个矩形，尺寸为 18×62，将其转为虚线图层，再移动至如图 2-2-206 所示位置。至此，左视图绘制完成。

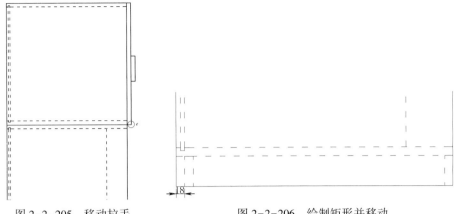

图 2-2-205 移动拉手   图 2-2-206 绘制矩形并移动

六、进行尺寸标注

将图层切换到"尺寸标注"图层，利用"尺寸标注"命令对绘制的衣柜三视图进行标注，标注尺寸如图 2-2-207 所示。

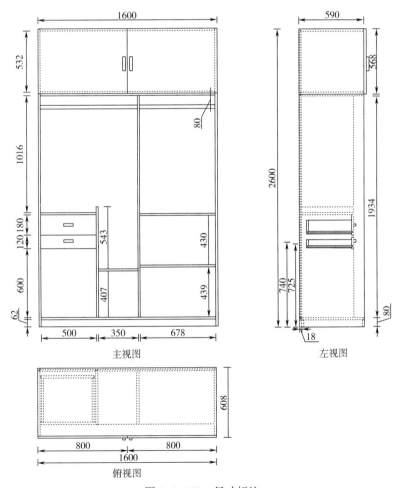

图 2-2-207 尺寸标注

作业与思考

1. 画出衣柜抽屉的三视图。

2. 请分析衣柜的长款悬挂区、短款悬挂区、叠放区、储藏区等不同功能分区的尺寸。

3. 尝试使用 AutoCAD 中的其他命令绘制案例衣柜中的要素。

任务二　衣柜零部件图绘制

学习目标：掌握"32mm 系统"设计原则。

应知理论：零部件的绘制要求，AutoCAD 相关命令的运用。

应会技能：能将零部件图绘制要求与 AutoCAD 相关知识结合绘制衣柜的零部件图。

一、"32mm 系统"设计准则

"32mm 系统"以旁板的设计为核心。顶板、底板、层板以及抽屉轨道必须与旁板结合。因此，旁板的设计在"32mm 系统"家具中至关重要。旁板上主要有两类不同概念的孔：结构孔和系统孔。前者是形成柜类家具框架所必需的结合孔，后者用于装配隔板、抽屉、门板等零部件。两类孔的布局是否合理是"32mm 系统"成败的关键。

1. 系统孔

系统孔一般设在垂直坐标，分别位于旁板的前沿和后沿，前轴线到旁板前沿的距离（K）为 37 或 28mm，若采用嵌门或嵌抽屉，则应为 37 或 28mm 加上门板的厚度，后面也同原理计算。前轴线之间及其辅助线之间均保持 32mm 整数倍的距离。通用系统孔径为 5mm，孔深规定为 13mm，当系统孔用作结构孔时，其孔径根据选用的装配要求而定，一般常用为 5，8，10，15，25mm 等。

2. 结构孔

结构孔设在水平坐标，上沿第一排结构孔与板端的距离及孔径根据板件的结构形式与选用装配件具体情况而定。若采用螺母—螺杆连接，其结构形式为旁板盖顶板，结构孔与旁板端的距离 $A = (1/2) \times d_1 + S$，孔径为 5mm；若采用偏心连接件，其结构形式为顶板盖旁板，则 A 根据选用偏心连接件吊杆的长度而定，一般为 $A = 25$nn，孔径为 15mm。下沿结构孔与旁板底端距离为 B。

旁板尺寸设计：旁板尺寸（W）按对称原则确定为 $W = 2K + 32n$

旁板的长度 $L = A + B + 32n$

二、设置绘图环境

（1）打开中文 AutoCAD 2019，新建一个文档。

（2）设置图形界限。单击菜单"格式"＞"图形界限"命令，设置图形界限为"5000×5000"。

（3）设置图形单位。单击菜单"格式"＞"单位"（或输入 UN）命令，打开"图形单位"对话框，设置单位后点击"确定"按钮结束。

（4）创建图层。点击工具栏的"图层特性管理器"按钮（或输入"LA"），创建图

图 2-2-208　图层设置

层，如图 2-2-208 所示。轮廓线图层：颜色黑色，线型连续线，线宽 0.3。

三、衣柜侧板零部件的绘制

（1）在命令行中输入"REC"，激活"矩形"命令，绘制一个尺寸为 2600×586 的矩形，如图 2-2-209 所示。

（2）在命令行中输入"X"，激活"分解"命令，将绘制的矩形炸开。

（3）在命令行中输入"O"，激活"偏移"命令，将顶边向下偏移，偏移距离依次为 9,91,37,32,140,32；将底边向上偏移，偏移距离依次为 27,10,32；左边向右偏移，偏移距离依次为 9,32,72,952,448,448,24,32，如图 2-2-210 所示。

图 2-2-209　绘制矩形

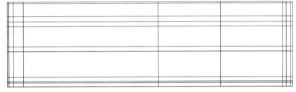

图 2-2-210　多次偏移

（4）运用前面所学命令绘制零部件图所需运用图例，并移动至图中相应位置，如图 2-2-211 所示。

图 2-2-211　绘制零部件

（5）在命令行中输入"E"，激活"删除"命令，将绘制的辅助线删除，如图 2-2-212 所示。

图 2-2-212　删除多余线条

（6）在命令行中输入"O"，激活"偏移"命令，将底边向上偏移，偏移距离依次为 8,10；左边向右偏移，偏移距离为 11；右边向左偏移，偏移距离为 73，如图 2-2-213 所示。

图 2-2-213 偏移指定线条

（7）在命令行中输入"TR"，激活"修剪"命令，修剪成如图 2-2-214 所示。

图 2-2-214 修剪线条

（8）根据木材纹理的方向将封边情况、五金孔的数量用图例表示出来。

（9）将绘制好的图形进行标注，生成如图 2-2-215 所示图形。

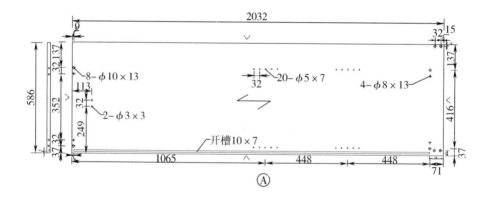

图 2-2-215 标注图形

（10）根据上述类似方法绘制其他零部件图及其对应编号，如图 2-2-216 所示。

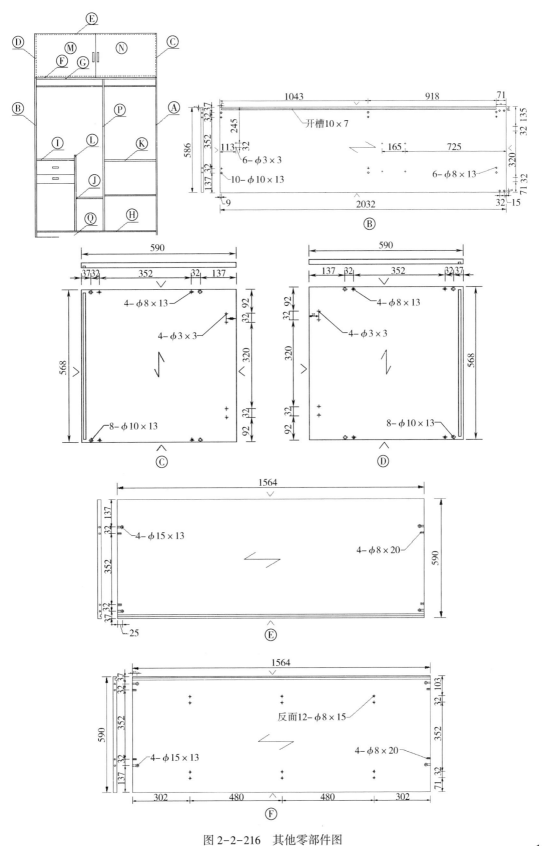

图 2-2-216　其他零部件图

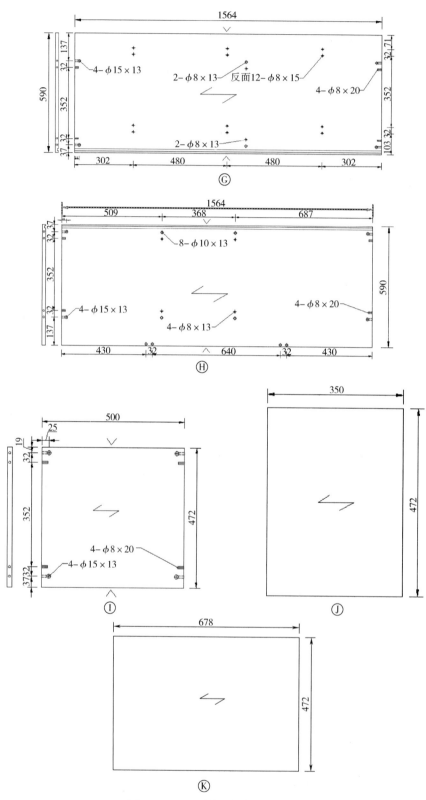

图 2-2-216　其他零部件图（续）

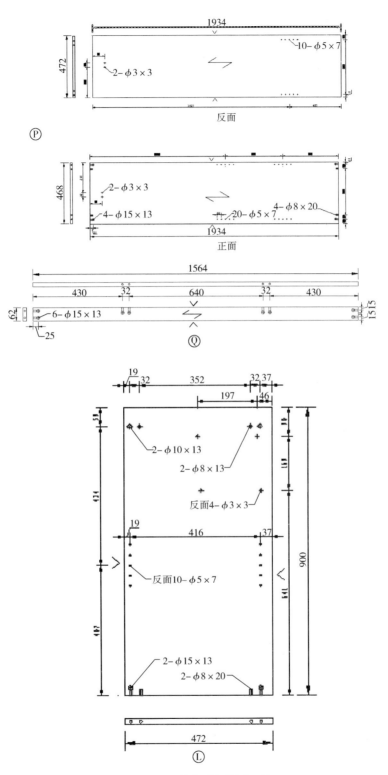

图 2-2-216　其他零部件图（续）

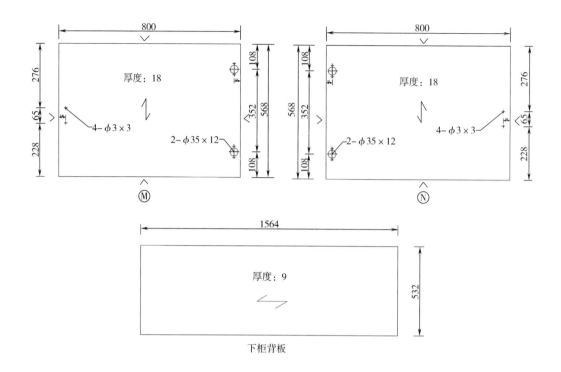

下柜背板

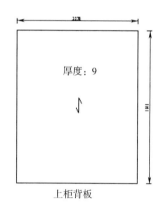

上柜背板

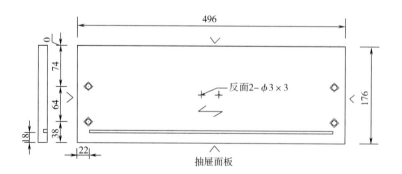

抽屉面板

图 2-2-216　其他零部件图（续）

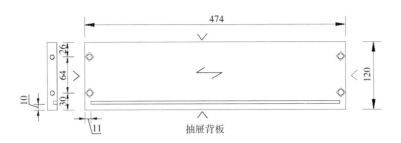

抽屉背板

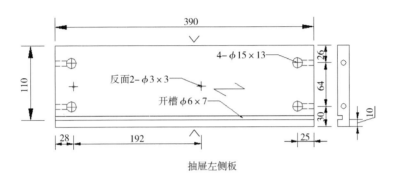

抽屉左侧板

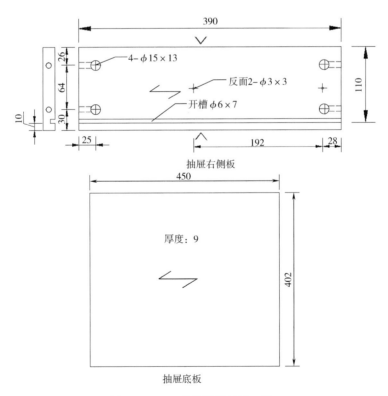

抽屉右侧板

抽屉底板

图 2-2-216 其他零部件图（续）

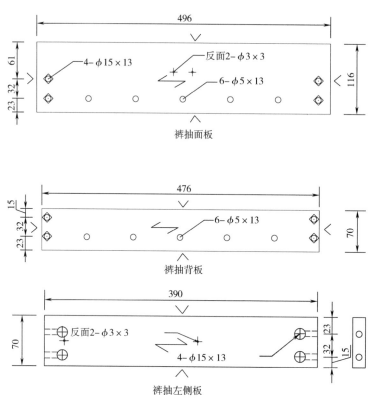

图 2-2-216　其他零部件图（续）

（11）根据所学命令绘制零部件图图框，如图 2-2-217 所示。

（12）将所有零部件图分别放入对应图框里。

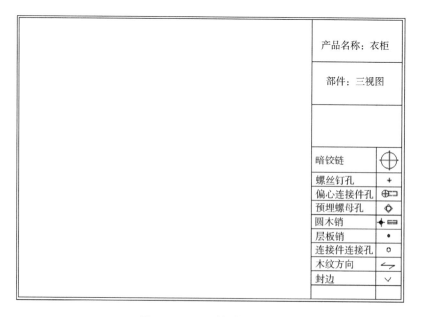

图 2-2-217　零部件图图框

作业与思考

1. 画出书柜的零部件图。
2. 思考玻璃门的绘制方法。

任务三 衣柜轴测图绘制

学习目标：掌握衣柜轴测图的绘制方法，灵活运用"等轴测捕捉"命令。
应知理论：正等轴测图的绘制要求，AutoCAD 相关命令的运用。
应会技能：能将正等轴测图的绘制要求与 AutoCAD 相关知识结合绘制衣柜的轴测图。

一、案例分析

本案例要求绘制如图 2-2-218 所示衣柜的轴测图，该任务需用到捕捉模式、直线（L）、复制（CO）等命令。

二、设置绘图环境

（1）打开中文 AutoCAD 2019，新建一个文档。

（2）设置图形界限。单击菜单"格式" > "图形界限"命令，设置图形界限为"5000×5000"。

（3）设置图形单位。单击菜单"格式" > "单位"（或输入 UN）命令，打开"图形单位"对话框，设置单位后点击"确定"按钮结束。

（4）创建图层。点击工具栏的"图层特性管理器"按钮（或输入"LA"），创建图层，如图 2-2-219 所示。轮廓线图层：颜色黑色，线型连续线，线宽 0.3。

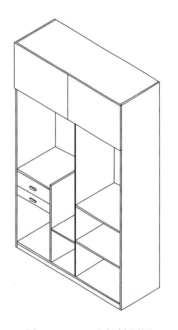

图 2-2-218 衣柜轴测图

三、绘制衣柜轴测图

（1）设置捕捉类型。鼠标右键点击"捕捉模式" 按钮，点击"设置"选项，弹出"草图设置"对话框，在"捕捉和栅格"选项卡中将"捕捉类型"中的"栅格捕捉"改为"等轴测捕捉"，点击"确定"完成设置，如图 2-2-220所示。

图 2-2-219 图层设置

（2）将图层切换到"轮廓线"图层，首先点击"正交模式" 按钮或者按 F8 键，打开"正交模式"，然后按 F5 键切换到"等轴测平面 俯视"平面开始绘图。在命令行中输入"L"，激活"直线"命令，利用"直线"命令，以图 2-2-221 中的 a 点为起点向下绘制长为 2600 的直线，然后移动光标，当出现 30°追踪线时，输入 18，按回车键，然后点击 c 点；当出现 90°追踪线时，输入 2600，按回车键，然后点击 d 点，当出现 150°追踪线时，输入 18，按回车键，然后点击 c 点；按 F5 键切换到"等轴测平面 左视"平面，再次利用"直线"命令，以 a 点为起点，当出现 30°追踪线时，输入 586，按回车键，然后点击 e，当出现 30°追踪线时，输入 18；按 F5 键切换到"等轴测平面 左视"平面，再次利用"直线"命令，以 f 点为起点，当出现 90°追踪线时，输入 2600，按回车键，然后点击 g，当出现 150°追踪线时，输入 586，再连接 d 和 f 完成，如图 2-2-221 所示。

图 2-2-220　设置捕捉类型

图 2-2-221　绘制衣柜右侧的轴测图

（3）输入"CO"，激活"复制"命令，以 f 点为基点，当出现 150°追踪线时，输入 1582，复制，如图 2-2-222 所示。

（4）在命令行中输入"L"，激活"直线"命令，连接 oe，qa，jb，kg，如图 2-2-223 所示。

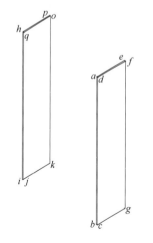

图 2-2-222　绘制沙发坐垫轴测图

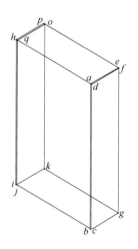

图 2-2-223　连接各点

（5）输入"CO"，激活"复制"命令，选择矩形 *oqae*，以 *a* 为基点，当出现 270°追踪线时，输入 18；选择矩形 *jkgb*，以 *b* 为基点，当出现 90°追踪线时，输入 62 和 80，复制，如图 2-2-224 所示。

（6）在命令行中输入"E"，激活"删除"命令，将不可见的线删除；再输入"TR"，激活"修剪"命令，将不可见的线修剪掉，如图 2-2-225 所示。抽屉、搁板等按同样方式绘制，最终效果见前文图 2-2-218。命令重复使用，此处不再赘述。

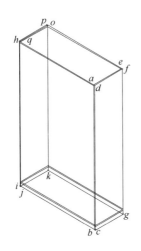

图 2-2-224　复制多个矩形

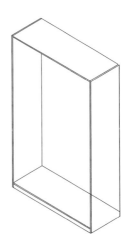

图 2-2-225　删除线

作业与思考

1. 画出图 2-2-226 的轴测图。
2. 思考等轴测模式下倒圆角图形的绘制方法。

图 2-2-226　指定图形

项目五　梳妆台的绘制

梳妆台是卧室中常见家具，也是女性梳妆打扮的必需用品。现如今的梳妆台款式多种多样，已成为人们生活中的必需品。通过本案例的学习，大家可熟悉梳妆类家具的尺寸要求，加深对二维绘图命令的掌握，能熟练绘制梳妆台的三视图。

任务一　梳妆台三视图绘制

学习目标：掌握组合梳妆台三视图的绘制方法，灵活运用 from 命令来确定点的位置。
应知理论：梳妆台的功能与尺度，AutoCAD 相关命令的运用。
应会技能：能综合梳妆台结构与 AutoCAD 相关知识绘制梳妆台的三视图。

一、案例分析

本案例要求绘制如图 2-2-227 所示组合梳妆台的三视图，并进行尺寸标注。主要利用矩形（REC）、复制（CO）、修剪（TR）、移动（M）、圆角（F）、镜像（MI）等命令。

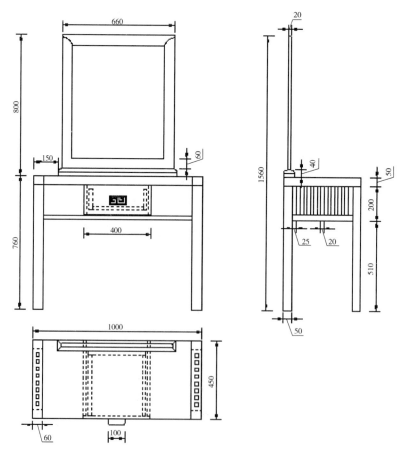

图 2-2-227　组合梳妆台的三视图

二、设置绘图环境

（1）打开中文 AutoCAD 2019，新建一个文档。

（2）设置图形界限。单击菜单"格式">"图形界限"命令，设置图形界限为"5000×5000"。

（3）设置图形单位。单击菜单"格式">"单位"（或输入 UN）命令，打开"图形单位"对话框，设置单位后点击"确定"按钮结束。

图 2-2-228　图层设置

（4）创建图层。点击工具栏的"图层特性管理器"按钮（或输入"LA"），创建图层，如图 2-2-228 所示。

①轮廓线图层：颜色黑色，线型连续线，线宽 0.3。

②虚线图层：颜色黑色，线型虚线，线宽默认。

③尺寸标注图层：颜色黑色，线型连续线，线宽默认。

三、绘制梳妆台的主视图

（1）将图层切换到"轮廓线"图层。在命令行中输入"REC"，激活"矩形"命令，绘制一个尺寸为 1000×50 的矩形。

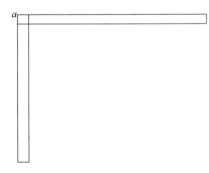

图 2-2-229　绘制梳妆台面板和左腿

（2）重复矩形命令，绘制一个尺寸为 60×（-760）的矩形，以 a 点为基准点，如图 2-2-229 所示。

（3）在命令行中输入"MI"，激活"镜像"命令，将主视图的梳妆台左腿镜像到右边，如图 2-2-230 所示，镜像线选择面板的中线。

（4）在命令行中输入"REC"，绘制一个尺寸为 880×（-25）的矩形，以 b 点为基准点，再输入"M"命令，将其向下移动距离 175，如图 2-2-231 所示。

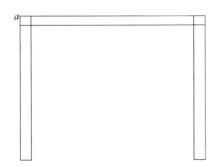

图 2-2-230　镜像图形

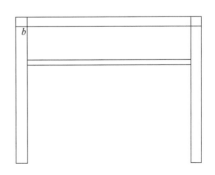

图 2-2-231　绘制并移动矩形

（5）在命令行中输入"REC"，绘制一个尺寸为400×（-170）的矩形；以 b 点为基准点，再输入"M"命令，将其向下移动距离2.5，再向右移动距离240，如图2-2-232所示。

（6）在命令行中输入"REC"，绘制一个尺寸为100×（-50）的矩形；以 c 点为基准点，再输入"M"命令，将其向下移动距离60，再向右移动距离150，如图2-2-233所示。在命令行中输入"X"，激活"分解"命令，将绘制的矩形炸开。

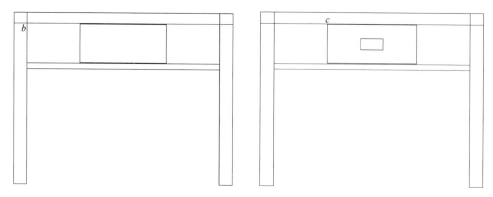

图2-2-232　绘制并移动矩形　　　　　　　图2-2-233　绘制矩形并将其分解

（7）在命令行中输入"O"，激活"偏移"命令，将拉手顶边向下偏移，输入偏移距离分别为5,10,5,10,5,10，左边向右偏移，偏移距离分别为5,10,5,10,10,5,10,5,10,10,5,10，生成图形如图2-2-234所示。

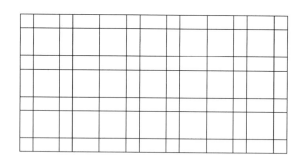

图2-2-234　偏移图形

（8）在命令行中输入"TR"，激活"修剪"命令，将图形修剪成如图2-2-235中左图所示，再将多余的线删除，如图2-2-235右图所示。

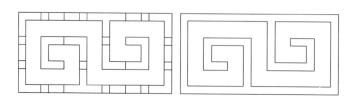

图2-2-235　绘制拉手回形纹装饰图案

（9）在命令行中输入"REC"，绘制一个尺寸为 700×40 的矩形；以 *d* 点为基准点，再输入"M"命令，将其向右移动距离 150；输入"X"，激活"分解"命令，将绘制的矩形炸开；输入"O"将其顶边向下偏移 20，如图 2-2-236 所示。

（10）在命令行中输入"F"，激活"圆角"命令，对矩形进行修剪，修剪半径为 20，结果如图 2-2-237 所示。

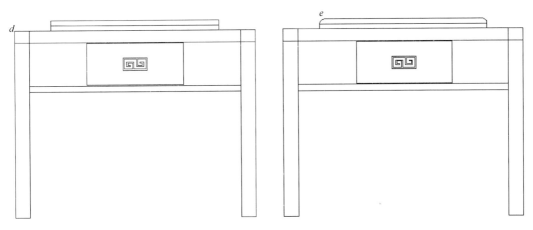

图 2-2-236　绘制矩形并编辑　　　　　　　图 2-2-237　将矩形圆角

（11）在命令行中输入"REC"，以 *e* 点为基准点绘制一个 660×760 的矩形，再输入"O"，将其向里偏移 60，如图 2-2-238 所示。

（12）在命令行中输入"ARC"，以 *f* 点为起点绘制一条镜框装饰线条，输入命令"MI"，以矩形中线为对称轴镜像，如图 2-2-239 所示。

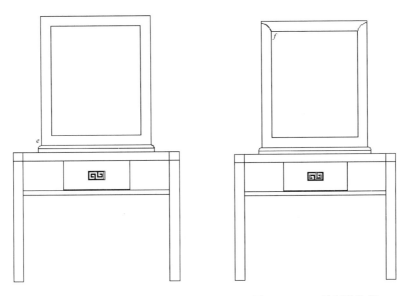

图 2-2-238　绘制矩形　　　　　　　图 2-2-239　绘制装饰线

（13）将图层切换到"虚线"图层，在命令行中输入"REC"，激活"矩形"命令，绘制一个以 b 点为基准点，尺寸为 18×（-175）的矩形，再输入"M"，将其向右移动距离 240，如图 2-2-240 所示。

（14）在命令行中输入"REC"，激活"矩形"命令，绘制一个以 b 点为基准点，尺寸为 18×（-120）的矩形，再输入"M"，将其向右移动距离 271，再向下移动 25，绘制抽屉侧板，如图 2-2-241 所示。

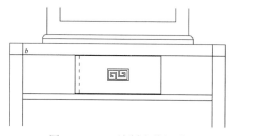

图 2-2-240　绘制虚线矩形

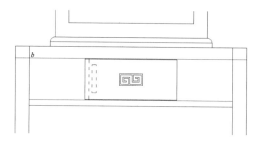

图 2-2-241　抽屉侧板

（15）在命令行中输入"REC"，激活"矩形"命令，绘制一个以 b 点为基准点，尺寸为 302×（-18）的矩形，再输入"M"，将其向右移动距离 289，再向下移动 127，绘制抽屉底板，如图 2-2-242 所示。

（16）在命令行中输入"MI"，将左边两个矩形镜像至右边，如图 2-2-243 所示，主视图绘制完成。

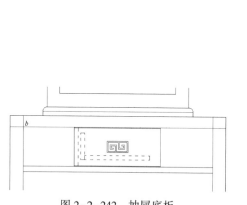

图 2-2-242　抽屉底板

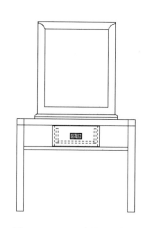

图 2-2-243　主视图完成

四、绘制梳妆台的左视图

（1）将图层切换到"轮廓线"图层，在命令行中输入"REC"，激活"矩形"命令，绘制一个尺寸为 800×600 的矩形，注意矩形的轮廓线与主视图对齐，如图 2-2-244 所示。

（2）在命令行中输入"REC"，激活"矩形"命令，以 g 点为起点，绘制一个尺寸为 50×（-710）的矩形，再输入命令"MI"，将矩形镜像至右边，如图 2-2-245 所示。

（3）在命令行中输入"REC"，激活"矩形"命令，以 h 点为起点，绘制一个尺寸为 350×（−35）的矩形，再输入命令"M"，将矩形向下移动距离 165，如图 2-2-246 所示。

（4）在命令行中输入"REC"，激活"矩形"命令，以 h 点为起点，绘制一个尺寸为 25×（−165）的矩形，再输入命令"M"，以 h 点为基准点向右移动距离 25，如图 2-2-247 所示。

（5）在命令行中输入"CO"，激活"矩形"命令，以 h 点为起点，向右复制，距离分别为 40，80，120，160，200，240，280，如图 2-2-248 所示。

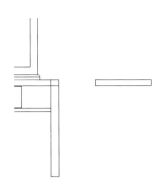

图 2-2-244　主、左视图对齐

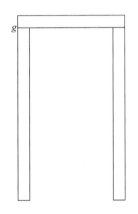

图 2-2-245　绘制矩形并镜像

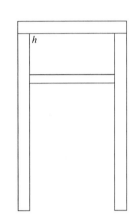

图 2-2-246　绘制矩形

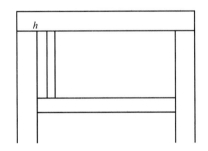

图 2-2-247　添加矩形

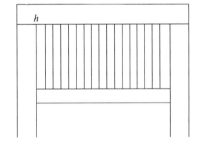

图 2-2-248　绘制矩形并复制

（6）在命令行中输入"REC"，激活"矩形"命令，以 i 点为起点，绘制一个尺寸为 60×40 的矩形，再输入命令"X"，将其炸开，输入命令"O"，将矩形顶边向下偏移 20，利用"F"命令倒圆角，半径为 20，如图 2-2-249 所示。

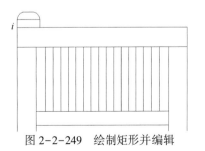

图 2-2-249　绘制矩形并编辑

（7）在命令行中输入"REC"，激活"矩形"命令，以 *j* 点为起点，绘制一个尺寸为20×760 的矩形，利用"F"命令倒圆角，半径为 5，如图 2-2-250 所示，左视图绘制完成。

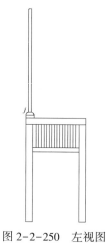

图 2-2-250　左视图

五、绘制梳妆台的俯视图

（1）将图层切换到"轮廓线"图层，在命令行中输入"REC"，激活"矩形"命令，绘制一个尺寸为 1000×450 的矩形，注意矩形的轮廓线与主视图对齐，如图 2-2-251 所示。

图 2-2-251　添加矩形

（2）在命令行中输入"REC"，激活"矩形"命令，以 *k* 点为基点绘制一个尺寸为700×（-60）的矩形，输入"M"，将其向右移动 150，如图 2-2-252 所示。

（3）在命令行中输入"O"，将矩形向里偏移 20，再输入"F"，将偏移后的矩形倒圆角，半径为 5，如图 2-2-253 所示。

图 2-2-252　绘制矩形

图 2-2-253　矩形偏移并倒圆角

（4）在命令行中输入"L"，绘制四条边线，如图 2-2-254 所示。

（5）在命令行中输入"REC"，激活"矩形"命令，以 *k* 点为基点绘制一个尺寸为60×（-450）的矩形，如图 2-2-255 所示。

（6）将图层切换到"虚线"图层，在命令行中输入"REC"，激活"矩形"命令，以 *k* 点为基点，绘制一个尺寸为 60×（-50）的矩形，再输入"MI"，将左边两个矩形镜像至右边，再将上面两个小矩形镜像至下面，取桌面中线为对称轴，如图 2-2-256 所示。

图 2-2-254　添加边线

图 2-2-255　绘制矩形

（7）在命令行中输入"REC"，激活"矩形"命令，以 o 点为基点绘制一个尺寸为20×（-20）的矩形，再输入"M"，将其向右移动距离 20，向下移动 25，如图 2-2-257 所示。

图 2-2-256　绘制矩形并镜像

图 2-2-257　添加矩形并移动

（8）在命令行中输入"CO"，将上一步所绘制的矩形向下复制，距离分别为 40,80,120,160,200,240,280，输入"MI"，以桌面中线为对称轴，将它们镜像至右边，如图 2-2-258所示。

（9）在命令行中输入"REC"，激活"矩形"命令，以 p 点为基点，绘制一个尺寸为400×18 的矩形，输入"M"命令，将其向右移动 240，如图 2-2-259 所示。

图 2-2-258　镜像复制矩形

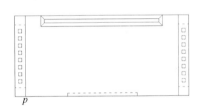

图 2-2-259　指定基点绘制矩形

（10）在命令行中输入"REC"，激活"矩形"命令，以 r 点为基点绘制一个尺寸为18×350 的矩形，输入"M"命令，将其向右移动 31，再以 r 点为基点绘制一个尺寸为18×432 的矩形，如图 2-2-260 所示。

（11）在命令行中输入"REC"，激活"矩形"命令，以 s 点为基点绘制一个尺寸为338×18 的矩形，如图 2-2-261 所示。

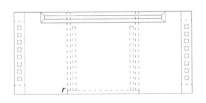

图 2-2-260　添加矩形

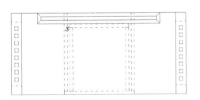

图 2-2-261　指定基点绘制矩形

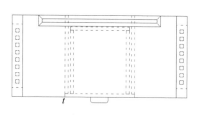

图 2-2-262　俯视图

（12）在命令行中输入"REC"，激活"矩形"命令，以 t 点为基点绘制一个尺寸为100×（-30）的矩形，输入命令"M"，将其向右移动150，再输入"F"，倒圆角，半径为10，如图 2-2-262 所示，俯视图绘制完成。

六、进行尺寸标注

将图层切换到"尺寸标注"图层，利用"尺寸标注"命令对绘制的梳妆台三视图进行标注，标注尺寸见前文中图 2-2-227 所示。

❓ 作业与思考

1. 尝试使用 AutoCAD 中的"阵列"命令（AR）绘制内文梳妆台中的相同要素。

2. 画出图 2-2-263 梳妆台的三视图。

3. 请根据所学家具设计理论，为作业中的梳妆台设计一件配套的梳妆凳。

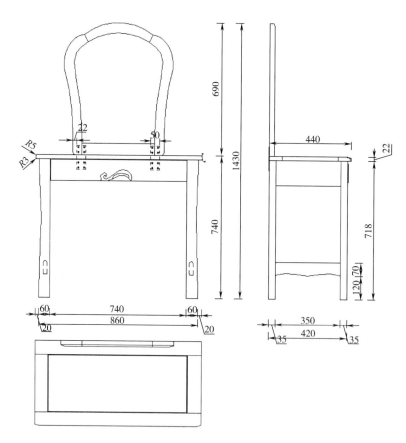

图 2-2-263　梳妆台三视图

任务二　梳妆台零部件图绘制

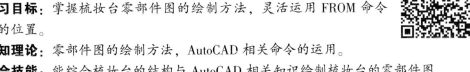

学习目标：掌握梳妆台零部件图的绘制方法，灵活运用 FROM 命令确定点的位置。

应知理论：零部件图的绘制方法，AutoCAD 相关命令的运用。

应会技能：能综合梳妆台的结构与 AutoCAD 相关知识绘制梳妆台的零部件图。

一、案例分析

本案例要求绘制如图 2-2-264 所示的三视图，并进行尺寸标注。主要利用矩形（REC）、复制（CO）、修剪（TR）、移动（M）、圆角（F）、镜像（MI）、圆弧（ARC）等命令。

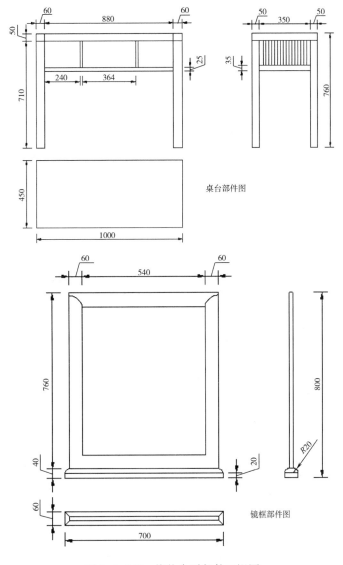

图 2-2-264　梳妆台零部件三视图

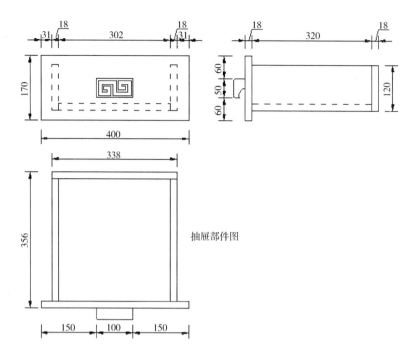

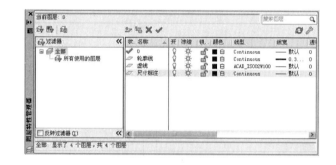

图 2-2-264　梳妆台零部件三视图（续）

二、设置绘图环境

（1）打开中文 AutoCAD 2019，新建一个文档。

（2）设置图形界限。单击菜单"格式">"图形界限"命令，设置图形界限为"5000×5000"。

（3）设置图形单位。输入 UN 命令，打开"图形单位"对话框，设置单位后点击"确定"按钮结束。

（4）创建图层。点击工具栏的"图层特性管理器"按钮（或输入"LA"），创建图层，如图 2-2-265 所示。

图 2-2-265　图层设置

①轮廓线图层：颜色黑色，线型连续线，线宽 0.3。

②虚线图层：颜色黑色，线型虚线，线宽默认。

③尺寸标注图层：颜色黑色，线型连续线，线宽默认。

三、绘制梳妆台的桌台部件图

（1）将图层切换到"轮廓线"图层，在命令行中输入"REC"，激活"矩形"命令，绘制一个尺寸为 1000×50 的矩形。

（2）重复"矩形"，命令以 *a* 点为基准点绘制一个尺寸为 60×（-760）的矩形，如图 2-2-266。

（3）在命令行中输入"MI"，激活"镜像"命令，将主视图的梳妆台左腿镜像到右边，如图 2-2-267 所示位置，镜像线选择面板的中线。

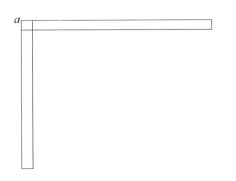

图 2-2-266　绘制梳妆台面板和左腿

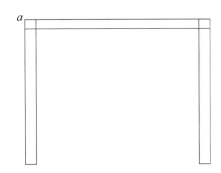

图 2-2-267　镜像左腿

（4）在命令行中输入"REC"，以 *b* 点为基准点，绘制一个尺寸为 880×（-25）的矩形，再输入"M"命令，将其向下移动距离 175，如图 2-2-268 所示。

（5）在命令行中输入"REC"，以 *b* 点为基准点，绘制一个尺寸为 18×（-175）的矩形，再输入"M"命令，将其向右移动距离 240，输入"MI"命令，以中轴线为对称轴镜像此矩形，如图 2-2-269 所示。

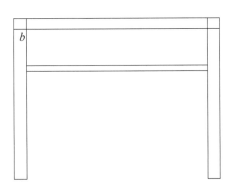

图 2-2-268　绘制指定矩形

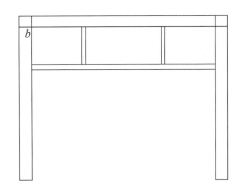

图 2-2-269　添加矩形并镜像

（6）在命令行中输入"REC"，激活"矩形"命令，绘制一个尺寸为 800×600 的矩形，注意矩形的轮廓线与主视图对齐，如图 2-2-270 所示。

（7）在命令行中输入"REC"，激活"矩形"命令，以 *c* 点为起点，绘制一个尺寸为 50×（-710）的矩形，再输入命令"MI"，将矩形镜像至右边，如图 2-2-271 所示，绘制梳妆台的两条腿。

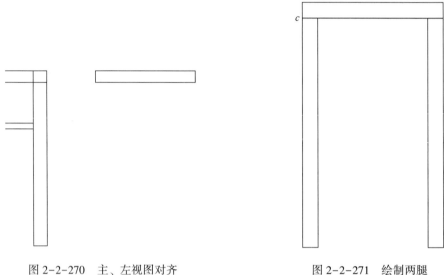

图 2-2-270　主、左视图对齐　　　　　　　　　图 2-2-271　绘制两腿

（8）在命令行中输入"REC"，激活"矩形"命令，以 *d* 点为起点，绘制一个尺寸为 350×(-35) 的矩形，再输入命令"M"，将矩形向下移动距离 165，如图 2-2-272 所示。

（9）在命令行中输入"REC"，激活"矩形"命令，以 *d* 点为起点，绘制一个尺寸为 25×(-165) 的矩形，再输入命令"M"，向右移动距离 25，如图 2-2-273 所示。

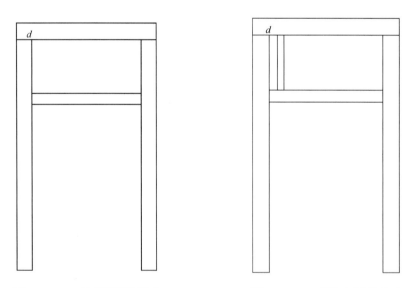

图 2-2-272　绘制矩形并移动　　　　　　　　图 2-2-273　添加矩形并移动

（10）在命令行中输入"CO"，激活"复制"命令，以 *d* 点为起点，向右复制，距离分别为 40，80，120，160，200，240，280，如图 2-2-274 所示。

（11）在命令行中输入"REC"，激活"矩形"命令，绘制一个尺寸为 800×600 的矩形，注意矩形的轮廓线与主视图对齐，桌台部件图绘制完成，如图 2-2-275 所示。

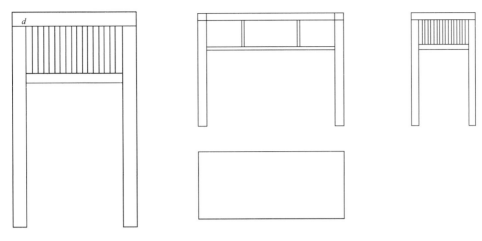

图 2-2-274　复制多个矩形　　　　　　　　　图 2-2-275　桌台部件图

（12）对桌台部件图进行尺寸标注，标注完成图见前文图 2-2-264。

四、绘制梳妆台的镜框部件图

（1）在命令行中输入"REC"，绘制一个尺寸为 700×40 的矩形；输入"X"，激活"分解"命令，将绘制的矩形炸开；输入"O"，将其顶边向下偏移 20，如图 2-2-276 所示。

（2）在命令行中输入"F"，激活"圆角"命令，对矩形进行倒圆角，半径为 20，如图 2-2-277 所示。

图 2-2-276　绘制新矩形　　　　　　　　　　图 2-2-277　矩形倒圆角

（3）在命令行中输入"REC"，以 a 点为基准点绘制一个 660×760 的矩形，再输入"O"，将其向里偏移 60，如图 2-2-278 所示。

（4）在命令行中输入"ARC"，以 b 点为起点绘制一条镜框装饰线条，输入命令"MI"，以矩形中线为对称轴，将其镜像至右边，如图 2-2-279 所示，主视图绘制完成。

（5）在命令行中输入"REC"，激活"矩形"命令，绘制一个尺寸为 60×40 的矩形；输入"X"，激活"分解"命令，将绘制的矩形炸开；输入"O"，将其顶边向下偏移 20，注意矩形的轮廓线与主视图对齐，如图 2-2-280 所示。

（6）在命令行中输入"F"，激活"圆角"命令，对矩形进行倒圆角，半径为 20，如图 2-2-281 所示。

（7）在命令行中输入"REC"，激活"矩形"命令，以 c 点为起点，绘制一个尺寸为 20×760 的矩形，利用"F"命令倒圆角，半径为 5，如图 2-2-282 所示，左视图绘制完成。

（8）在命令行中输入"REC"，激活"矩形"命令，绘制一个尺寸为 700×（-60）的矩形，注意矩形的轮廓线与主视图对齐，如图 2-2-283 所示。

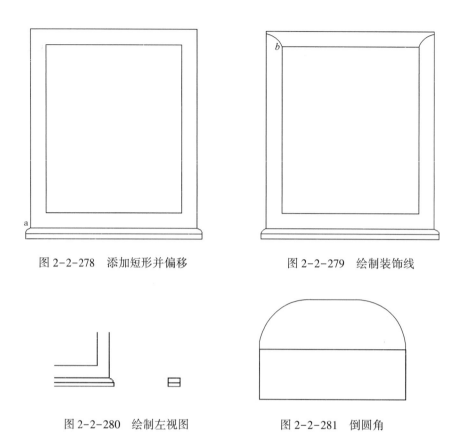

图 2-2-278　添加短形并偏移　　　　　图 2-2-279　绘制装饰线

图 2-2-280　绘制左视图　　　　　图 2-2-281　倒圆角

（9）在命令行中输入"O"，将矩形向里偏移 20，再输入"F"，将偏移后的矩形倒圆角，半径为 5，如图 2-2-284 所示。

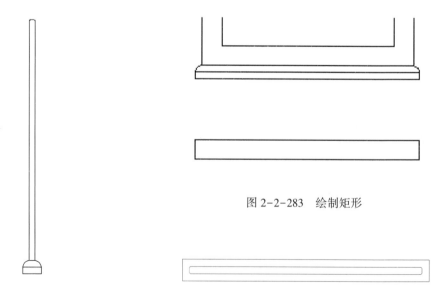

图 2-2-283　绘制矩形

图 2-2-282　左视图　　　　　图 2-2-284　指定矩形偏移并倒圆角

（10）在命令行中输入"L"，绘制四条边线，镜框部件图绘制完成，如图2-2-285所示。

（11）对梳妆台镜框部件进行尺寸标注，标注完成图见前文图2-2-264。

五、绘制梳妆台的抽屉部件图

（1）在命令行中输入"REC"，绘制一个尺寸为400×170的矩形，如图2-2-286所示。

（2）将图层转换为"虚线"图层，输入"REC"命令，绘制一个以 a 点为基准点，尺寸为18×（-120）的矩形，再输入"M"，将其向右移动距离31，再向下移动23，绘制抽屉侧板，如图2-2-287所示。

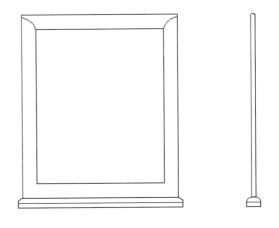

图2-2-285 镜框部件图

图2-2-286 绘制矩形

图2-2-287 抽屉侧板

（3）在命令行中输入"REC"，激活"矩形"命令，绘制一个以 b 点为基准点，尺寸为302×18的矩形，如图2-2-288所示。

（4）在命令行中输入"MI"，将抽屉左侧板镜像至右边，如图2-2-289所示。

图2-2-288 抽屉底板

图2-2-289 镜像左侧板

（5）将图层转换为"轮廓线"图层，在命令行中输入"REC"，激活"矩形"命令，绘制一个以 b 点为基准点，尺寸为100×50的矩形，再输入"M"，将其向右移动距离101，再向上移动33，如图2-2-290所示。

（6）在命令行中输入"O"，激活"偏移"命令，将拉手顶边向下偏移，输入偏移距离分别为 5,10,5,10,5,10 ，左边向右偏移，偏移距离分别为 5,10,5,10,10,5,10,5,10,10,5,10 生成如图 2-2-291 所示。

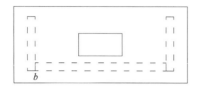

图 2-2-290　添加矩形

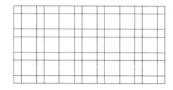

图 2-2-291　偏移线条

（7）在命令行中输入"TR"，激活"修剪"命令，将图形修剪成如图 2-2-292 左图所示，再将多余的线删除，主视图绘制完成，如图 2-2-292 右图所示。

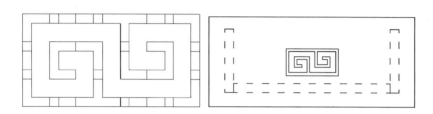

图 2-2-292　绘制拉手回形纹装饰图案与主视图

（8）在命令行中输入"REC"，激活"矩形"命令，绘制一个尺寸为 18×170 的矩形，注意矩形的轮廓线与主视图对齐，如图 2-2-293 所示。

（9）将图层转化为"虚线"图层，在命令行中输入"REC"，激活"矩形"命令，以 c 点为基点，绘制一个尺寸为 320×18 的矩形，输入"M"，将矩形向上移动距离 27，如图 2-2-294 所示。

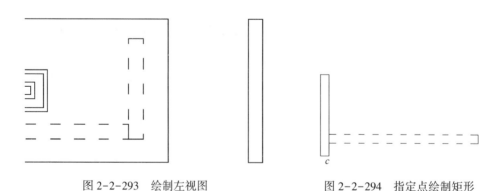

图 2-2-293　绘制左视图

图 2-2-294　指定点绘制矩形

（10）在命令行中输入"REC"，激活"矩形"命令，以 d 点为基点，绘制一个尺寸为 320×120 的矩形，如图 2-2-295 所示。

（11）在命令行中输入"REC"，激活"矩形"命令，以 e 点为基点，绘制一个尺寸为 18×102 的矩形，如图 2-2-296 所示。

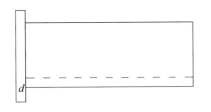

图 2-2-295　添加矩形

图 2-2-296　绘制矩形

（12）在命令行中输入"REC"，激活"矩形"命令，以 *f* 点为基点，绘制一个尺寸为（-30）×50 的矩形，输入"M"，将矩形向上移动距离 60，如图 2-2-297 所示。

（13）在命令行中输入"ARC"，激活"圆弧"命令，以矩形右边线、下边线的中点为端点绘制一条弧线，再输入"TR"，将不要的线修剪掉，如图 2-2-298 所示。

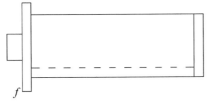

图 2-2-297　绘制指定矩形

图 2-2-298　指定点绘制圆弧

（14）输入命令"F"，将拉手倒圆角，半径为 5，如图 2-2-299 所示。

（15）在命令行中输入"REC"，激活"矩形"命令，绘制一个尺寸为 400×18 的矩形，注意矩形的轮廓线与主视图对齐，如图 2-2-300 所示。

图 2-2-299　左视图

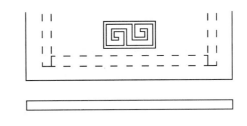

图 2-2-300　绘制俯视图

（16）在命令行中输入"REC"，激活"矩形"命令，以 *g* 点为基点，绘制一个尺寸为 18×320 的矩形，输入"M"，将其向右移动距离 31，再输入"MI"，将其镜像至右边，如图 2-2-301 所示。

（17）在命令行中输入"REC"，激活"矩形"命令，以 *h* 点为基点，绘制一个尺寸为 338×18 的矩形，如图 2-2-302 所示。

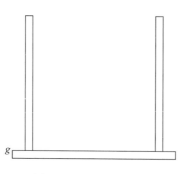

图 2-2-301　矩形镜像

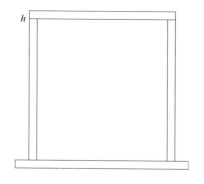

图 2-2-302　添加矩形

（18）在命令行中输入"REC"，激活"矩形"命令，以 i 点为基点，绘制一个尺寸为 $100×(-30)$ 的矩形，输入"M"，将其向右移动距离 150，再输入"F"命令，将拉手倒圆角，半径为 5，如图 2-2-303 所示，抽屉部件绘制完成。

（19）对梳妆台抽屉部件进行尺寸标注，标注结果见前文中图 2-2-264。

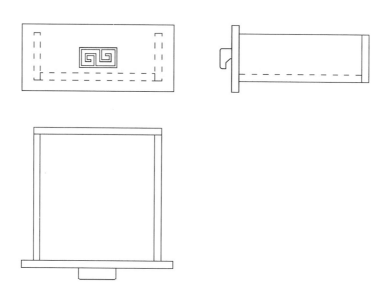

图 2-2-303　抽屉部件图

❓作业与思考

1. 画出其他款式梳妆台的部件图。

2. 画出部分零件结构图，并且进行尺寸标注。

任务三　梳妆台轴测图绘制

（1）设置捕捉类型。鼠标右键点击"捕捉模式" ▦ 按钮，点击"设置"选项，弹出"草图设置"对话框，在"捕捉和栅格"选项卡中将"捕捉类型"中的"栅格捕捉"改为"等轴测捕捉"，点击"确定"完成设置，如图 2-2-304 所示。

（2）将图层切换到"轮廓线"图层，首先点击"正交模式" ⌐ 按钮或者按 F8 键，打开正交模式，然后按 F5 键切换到"等轴测平面 俯视"平面开始绘图。在命令行中输入"L"，激活"直线"命令，以图 2-2-305 中的 a 点为起点，然后移动光标，当出现 30°追踪线时，输入 1000，按回车键；移动光标，当出现 150°追踪线时，输入 450，按回车键；移动光标，当出现 210°追踪线时，输入 1000，按回车键；移动光标，当出现 330°追踪线时，输入 450，按回车键；按 F5 键切换到"等轴测平面 左视"平面，移动光标，当出现 270°追踪线时，输入 50，

图 2-2-304　设置捕捉类型

按回车键；移动光标，当出现 30°追踪线时，输入 1000，按回车键；移动光标，当出现 90°追踪线时，输入 50，按回车键两次，结束命令。再在命令行中输入"L"，激活"直线"命令，以图 2-2-305 中的 a 点为起点，然后移动光标，当出现 270°追踪线时，输入 50，按回车键；按 F5 键切换到"等轴测平面 左视"平面，移动光标，当出现 330°追踪线时，输入 450，按回车键两次，结束命令，如

图 2-2-305　梳妆台面板

图 2-2-305 所示。

（3）在命令行中输入"L"，激活"直线"命令，以图 2-2-306 中的 b 点为起点，然后移动光标，当出现 270°追踪线时，输入 710，按回车键；当出现 330°追踪线时，输入 50，按回车键；移动光标，当出现 90°追踪线时，输入 710，按回车键两次；输入"L"，激活"直线"命令，以图 2-2-306 中的 b 点为起点，然后按 F5 键切换到"等轴测平面 俯视"平面，移动光标，当出现 30°追踪线时，输入 60，按回车键；按 F5 键切换到"等轴测平面 右视"平面，移动光标，当出现 90°追踪线时，输入 710，按回车键两

次，结束命令，如图 2-2-306 所示。

（4）在命令行中输入"CO"，激活"复制"命令，复制出其他三个桌腿，再输入"TR"，将多余的线修剪掉，得到图 2-2-307 所示的四条桌腿。

（5）运用直线"L"、复制"CO"，移动"M"、修剪"TR"、圆弧"ARC"、圆角"F"等命令绘制完成梳妆台的轴测图，如图 2-2-308 所示。以上命令前文均重复练习使用多次，此案例不再赘述。

图 2-2-306　绘制桌腿

图 2-2-307　复制完其他桌腿

图 2-2-308　梳妆台轴测图

❓ 作业与思考

1. 画出如图 2-2-309 所示梳妆凳的轴测图。

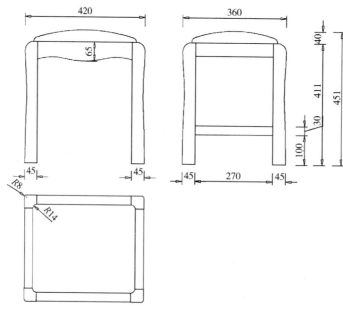
图 2-2-309　梳妆凳三视图

2. 思考等轴测模式下倒圆角图形的绘制方法。

3. 请分析栅格捕捉和轴测捕捉的不同用法。

模块三　客厅家具

客厅是聚会、聊天的地方，是交流信息和感情的空间，利用率高，所以客厅家具的设计和摆放决定了它的功能性和实用性。客厅家具大致包括沙发、电视柜等。

项目一　沙发的绘制

沙发是主要的坐类家具，是客厅家具的主要组成部分。通过本案例的学习，大家可熟悉沙发类家具的尺寸要求，加深对二维绘图命令的掌握，能熟练绘制家具的三视图。

任务一　沙发三视图绘制

学习目标：掌握组合沙发三视图的绘制方法，灵活运用 FROM 命令确定点的位置。
应知理论："三等"规律的画法几何原则，AutoCAD 相关命令的运用。
应会技能：能综合沙发结构与 AutoCAD 相关知识绘制沙发的三视图。

一、案例分析

本案例要求绘制如图 2-3-1 所示组合沙发的三视图，并进行尺寸标注。主要利用矩形（REC）、复制（CO）、修剪（TR）、移动（M）、圆角（F）、镜像（MI）等命令。

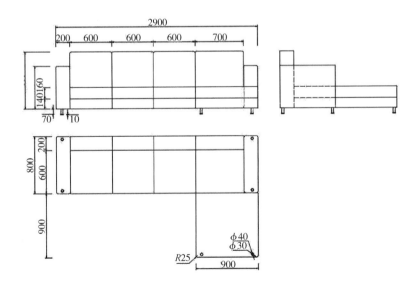

图 2-3-1　组合沙发三视图

二、设置绘图环境

（1）打开中文 AutoCAD 2019，新建一个文档。

（2）设置图形界限。单击菜单"格式">"图形界限"命令，设置图形界限为"5000×5000"。

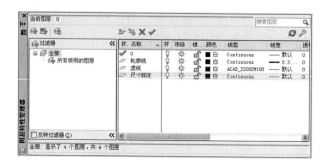

图 2-3-2　图层设置

（3）设置图形单位。输入 UN 命令，打开"图形单位"对话框，设置单位后点击"确定"按钮结束。

（4）创建图层。点击工具栏的"图层特性管理器"按钮（或输入"LA"），创建图层，如图 2-3-2 所示。

①轮廓线图层：颜色黑色，线型连续线，线宽 0.3。

②虚线图层：颜色黑色，线型虚线，线宽默认。

③尺寸标注图层：颜色黑色，线型连续线，线宽默认。

三、绘制组合沙发的主视图

（1）将图层切换到"轮廓线"图层。在命令行中输入"REC"，激活"矩形"命令，绘制一个尺寸为 600×800 的矩形。

（2）在命令行中输入"X"，激活"分解"命令，将绘制的矩形炸开。

（3）在命令行中输入"O"，激活"偏移"命令，输入偏移距离分别为 140 和 160，将矩形底边向上偏移，生成如图 2-3-3 所示矩形。

（4）在命令行中输入"CO"，激活"复制"命令，选择步骤（3）中绘制的矩形，多重复制三个该矩形，基点选择图 2-3-4 中的 A 点，得到如图 2-3-4 所示图形。

图 2-3-3　绘制矩形

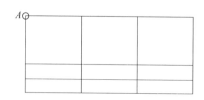

图 2-3-4　复制后的图形

（5）利用"矩形"命令绘制一个尺寸为700×800的矩形，放在三个矩形的右侧，如图2-3-5所示，过程同上。

（6）在命令行中输入"REC"，激活"矩形"命令，绘制一个尺寸为200×600的矩形，基点选择图2-3-6中的*B*点，输入相对坐标（@-200,600）。

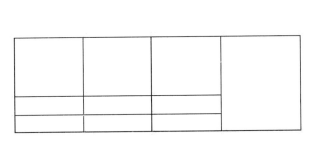

图2-3-5　绘制矩形

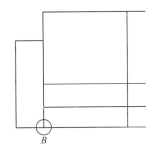

图2-3-6　绘制沙发扶手

（7）在命令行中输入"CO"，激活"复制"命令，将绘制的沙发扶手图形复制到另一侧（此时，也可利用"镜像"命令），基点选择图2-3-7中的*C*点。

（8）在命令行中输入"REC"，激活"矩形"命令，绘制两个矩形，尺寸分别为900×140和900×160，基点分别选择图2-3-8中的*D*和*E*点。

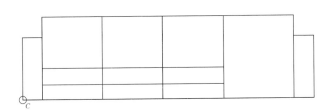

图2-3-7　复制沙发扶手图形

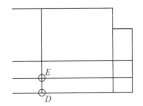

图2-3-8　绘制两个矩形

（9）在命令行中输入"TR"，激活"修剪"命令，如图2-3-9所示。

（10）将图层切换到"虚线"图层，在命令行中输入"L"，激活"直线"命令，绘制图2-3-10中所示的虚线1。

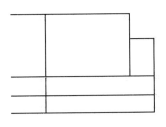

图2-3-9　修剪后的图形

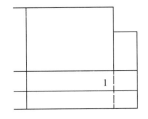

图2-3-10　绘制虚线

（11）将图层切换回"轮廓线"图层，绘制沙发脚。在命令行中输入"REC"，激活

"矩形"命令，绘制两个矩形，尺寸分别为 30×70 和 40×10，如图 2-3-11 所示。

（12）在命令行中输入"M"，激活"移动"命令，将沙发脚移动到图 2-3-12 所示位置，选择图 2-3-11 中的 F 点为图形基点，选择位移时利用"FROM"命令，以图 2-3-12 中的 G 点为基点，输入相对坐标为（@85,0），完成移动。

图 2-3-11　沙发脚图形

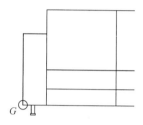

图 2-3-12　沙发脚的位置

（13）在命令行中输入"CO"，激活"复制"命令，将沙发脚复制到图 2-3-13 所示位置。基点选择图 2-3-13 中的 H 点，利用"FROM"命令，以 I 点为基点，输入相对坐标为（@-85,0），绘制出另一侧的沙发脚 2；再次使用"FROM"命令，以 J 点为基点，输入相对坐标为（@85,0），绘制沙发脚 3。

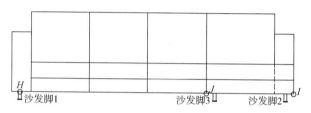

图 2-3-13　复制沙发脚

（14）在命令行中输入"F"，激活"圆角"命令，对沙发主视图进行倒圆角，半径为 25，如图 2-3-14 所示，完成沙发的主视图。

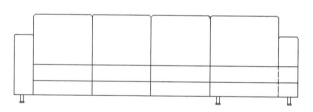

图 2-3-14　沙发的主视图

四、绘制组合沙发的俯视图

（1）将图层切换到"轮廓线"图层，在命令行中输入"REC"，激活"矩形"命令，绘制一个尺寸为 2900×800 的矩形，注意矩形的左轮廓线与主视图对齐，如图 2-3-15 所示。

（2）在命令行中输入"X"，激活"分解"命令，将绘制的矩形炸开。

（3）在命令行中输入"O"，激活"偏移"命令，输入偏移距离分别为 200 和 600，生成如图 2-3-16 所示图形。

（4）在命令行中输入"TR"，激活"修剪"命令，将图形修剪成如图 2-3-17 所示。

（5）在命令行中输入"REC"，激活"矩形"命令，绘制一个尺寸为 900×900 的矩形，如图 2-3-18 所示。

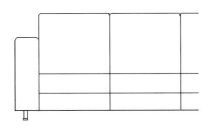

图 2-3-15　主、俯视图对齐

图 2-3-17　修剪后的图形

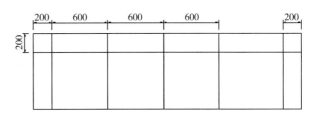

图 2-3-16　偏移后的图形

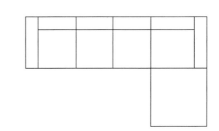

图 2-3-18　绘制矩形

（6）绘制沙发脚的俯视图，即两个同心圆，半径分别为 20 和 15。

（7）在命令行中输入"M"，激活"移动"命令，将沙发脚移动到图 2-3-19 所示位置，选择同心圆的圆心为基点，利用"FROM"命令，以图 2-3-19 中的 A 点为基点，输入相对坐标为（@85,40），完成移动。

（8）在命令行中输入"MI"，激活"镜像"命令，将沙发脚俯视图的两个同心圆镜像到图 2-3-20 所示位置，镜像线分别选择图 2-3-20 中的直线 1 和直线 2。

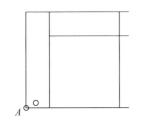

图 2-3-19　沙发脚的位置

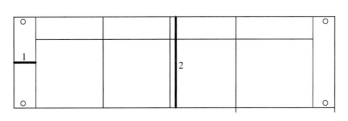

图 2-3-20　镜像沙发脚

（9）再次利用复制命令，将沙发脚复制到图 2-3-21 中的位置，选择圆心为基点，利用 "FROM" 命令，以图 2-3-21 中的 B 点为基点，输入相对坐标为 （@85,40），完成复制，再用镜像命令，选择直线 3 作为镜像线，将其复制到另一边。

（10）在命令行中输入 "F"，激活 "圆角" 命令，对沙发俯视图进行倒圆角，半径为 25，结果如图 2-3-22 所示，完成沙发的俯视图绘制。

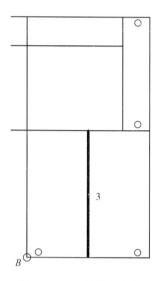

图 2-3-21　复制沙发脚

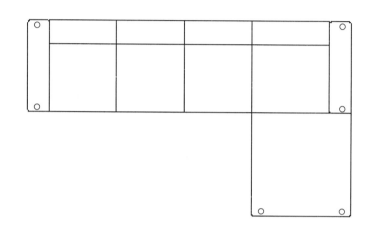

图 2-3-22 沙发俯视图

五、绘制组合沙发的左视图

（1）将图层切换到 "轮廓线" 图层，在命令行中输入 "REC"，激活 "矩形" 命令，绘制一个尺寸为 800×600 的矩形，注意矩形的轮廓线与主视图对齐，如图 2-3-23 所示。

（2）在命令行中输入 "REC"，激活 "矩形" 命令，绘制一个尺寸为 200×800 的矩形，第一个角点选择刚绘制的矩形的左下角点，另一角点输入相对坐标 （@200,800）。

（3）在命令行中输入 "X"，激活 "分解" 命令，将绘制的矩形炸开。

（4）在命令行中输入 "BR"，激活 "打断" 命令，选择图 2-3-24 左图中的直线 1，第一个、第二个打断点均选择 A 点，将直线 1 于 A 点断开，选择断开后直线的下端部分，移动到 "虚线" 图层，如图 2-3-24 右图所示。

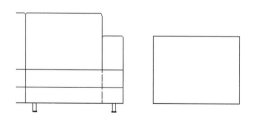

图 2-3-23　主、左视图对齐

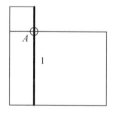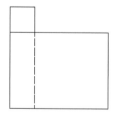

图 2-3-24　绘制沙发靠背

（5）将图层切换到"虚线"图层，在命令行中输入"REC"，激活"矩形"命令，绘制两个矩形，尺寸分别为 600×140 和 600×160，如图 2-3-25 所示。

（6）将图层切换到"轮廓线"图层在命令行中输入"REC"，激活"矩形"命令，绘制两个矩形，尺寸分别为 900×140 和 900×160，如图 2-3-26 所示。

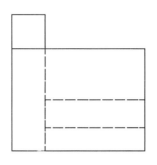

图 2-3-25　绘制沙发坐垫

图 2-3-26　绘制沙发坐垫

（7）绘制沙发脚，完成沙发的左视图。可直接复制主视图中的沙发脚，基点选择主视图中沙发脚顶边的中点，利用"FROM"命令，以图 2-3-27 中的 B 点为基点，输入相对坐标（@40,0），再次使用"FROM"命令，分别以 C、D 点为基点，输入相对坐标（@-40,0）绘制另外的沙发脚。

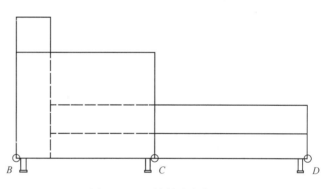

图 2-3-27　绘制沙发脚

六、进行尺寸标注

将图层切换到"尺寸标注"图层，利用尺寸标注命令对绘制的沙发三视图进行标注，标注尺寸见前文中图 2-3-1。

❓ 作业与思考

1. 画出会议室沙发的三视图。

2. 请为此款沙发设计一件配套茶几，并绘制出茶几的三视图和轴测图。

3. 尝试使用 AutoCAD 中的"阵列（AR）"命令绘制内文沙发中的相同要素。

任务二　沙发剖面图绘制

学习目标：掌握沙发剖面图的绘制，灵活运用"图案填充"命令。

应知理论：剖面图的绘制要求，AutoCAD 相关命令的运用。

应会技能：能将剖面图绘制要求与 AutoCAD 相关知识结合绘制沙发的剖面图。

一、案例分析

本案例要求绘制如图 2-3-28 所示沙发剖面图，并进行尺寸标注。该任务需用到矩形（REC）、复制（CO）、移动（M）、图案填充（H）等命令。

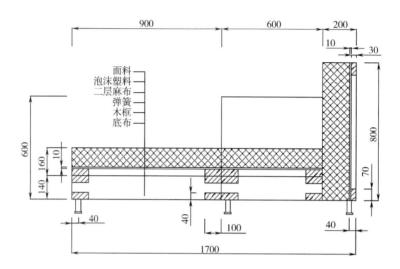

图 2-3-28　沙发剖面图

二、设置绘图环境

（1）打开中文 AutoCAD 2019，新建一个文档。

（2）设置图形界限。单击菜单"格式">"图形界限"命令，设置图形界限为"3000×3000"。

（3）设置图形单位。单击菜单"格式">"单位"（或输入 UN）命令，打开"图形单位"对话框，设置单位后点击"确定"按钮结束。

（4）创建图层。点击工具栏的"图层特性管理器"按钮（或输入"LA"），创建图层，如图 2-3-29 所示。

①轮廓线图层：颜色黑色，线型连续线，线宽 0.3。

②图案填充图层：颜色黑色，线型连续线，线宽默认。

③尺寸标注图层：颜色黑色，线型连续线，线宽默认。

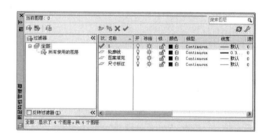

图 2-3-29　图层设置

三、绘制沙发轮廓线

（1）将图层切换到"轮廓线"图层，在命令行中输入"REC"，激活"矩形"命令，绘制两个矩形，尺寸分别为 900×140 和 600×140，如图 2-3-30 所示。

（2）再次输入"REC"，激活"矩形"命令，在刚绘制的矩形上方绘制两个新矩形，尺寸分别为 900×160 和 600×160，如图 2-3-31 所示。

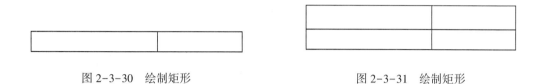

图 2-3-30　绘制矩形　　　　　　　　　　　　图 2-3-31　绘制矩形

（3）在命令行中输入"REC"，激活"矩形"命令，绘制尺寸为 100×40 的矩形，将其复制到如图 2-3-32 所示位置。

（4）以图 2-3-33 中的 A 点为第一个角点绘制矩形，尺寸为 1500×10，如图 2-3-33 所示。

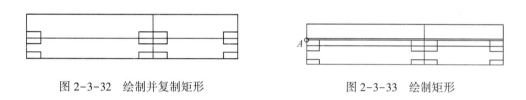

图 2-3-32　绘制并复制矩形　　　　　　　　　图 2-3-33　绘制矩形

（5）以图 2-3-34 中的 B、C 两点为第一个角点绘制两个矩形，尺寸分别为 600×600 和 200×800，如图 2-3-34 所示。

（6）再次输入"REC"，激活"矩形"命令，绘制尺寸为 30×70 的矩形，并进行复制，如图 2-3-35 所示。

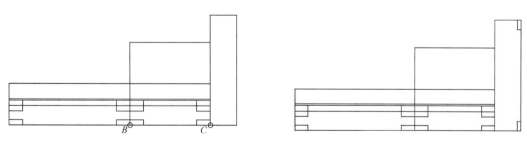

图 2-3-34　绘制扶手和靠背矩形　　　　　　　图 2-3-35　绘制并复制矩形

（7）以图 2-3-36 中的 D 点为第一个角点绘制矩形，尺寸为 10×800，如图 2-3-36 所示。

（8）绘制沙发脚，即两个尺寸为 30×70 和 40×10 的矩形，移动并复制到图 2-3-37 所示位置，移动时选择图中的 E 点为基点。利用"FROM"命令，选择 F 点为基准点，偏移输入（@40,0）；再复制，利用"FROM"命令，分别选择 G、H 点为基点，输入（@40,0）和（@-40,0），得到图 2-3-37 所示图形。

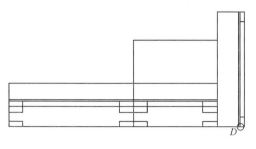

图 2-3-36　绘制矩形

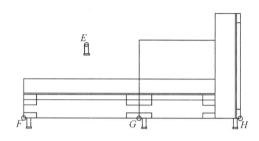

图 2-3-37　绘制沙发脚

四、绘制剖面

（1）将图层切换到"图案填充"图层，在命令行中输入"H"，激活"图案填充"命令，如图 2-3-38 左图所示，对图形进行填充，图案选择 ANSI31，比例输入 5，得到如图 2-3-38 右图所示效果。

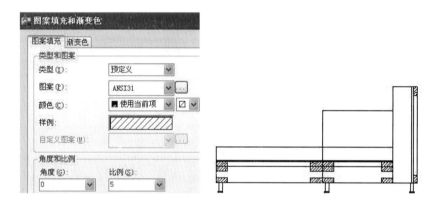

图 2-3-38　图案填充菜单及填充效果

（2）再次激活"图案填充"命令，对图形进行填充，如图 2-3-39 左图所示，图案选择 ANSI37，比例输入 10，得到如图 2-3-39 右图所示效果。

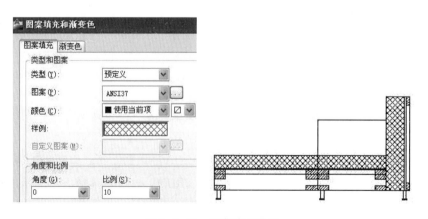

图 2-3-39　图案填充效果

五、进行尺寸标注

将图层切换到"尺寸标注"图层，利用"尺寸标注"命令对绘制的沙发剖面图进行标注，标注尺寸见前文中图 2-3-28 所示。

❓ 作业与思考

画出如图 2-3-40 所示沙发的剖面图。

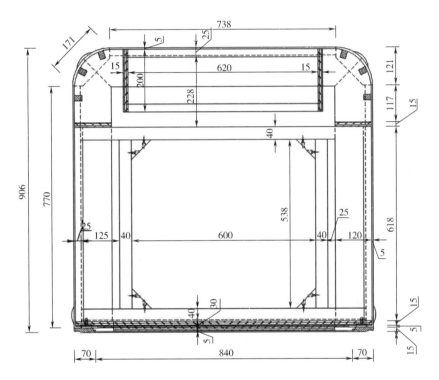

图 2-3-40　沙发剖面图

任务三　沙发轴测图绘制

学习目标：掌握沙发轴测图的绘制方法，灵活运用"等轴测捕捉"命令。

应知理论：正等轴测图的绘制要求，AutoCAD 相关命令的运用。

应会技能：能将正等轴测图的绘制要求与 AutoCAD 相关知识结合，绘制沙发的轴测图。

一、案例分析

本案例要求绘制如图 2-3-41 所示沙发的轴测图，该任务需用到捕捉模式、直线（L）、复制（CO）等命令。

二、设置绘图环境

（1）打开中文 AutoCAD 2019，新建一个文档。

（2）设置图形界限。单击菜单"格式"＞"图形界限"命令，设置图形界限为"5000×5000"。

（3）设置图形单位。输入 UN 命令，打开"图形单位"对话框，设置单位后点击"确定"按钮结束。

（4）创建图层。点击工具栏的"图层特性管理器"按钮（或输入"LA"），创建图层，如图 2-3-42 所示。轮廓线图层：颜色黑色，线型连续线，线宽 0.3。

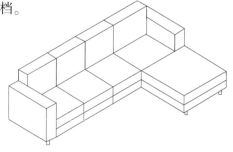

图 2-3-41　组合沙发的轴测图

图 2-3-42　图层设置

三、绘制沙发轴测图

（1）设置捕捉类型。鼠标右键点击"捕捉模式"按钮，点击"设置"选项，弹出"草图设置"对话框，在"捕捉和栅格"选项卡中将"捕捉类型"中的"栅格捕捉"改为"等轴测捕捉"，点击"确定"完成设置，如图 2-3-43 所示。

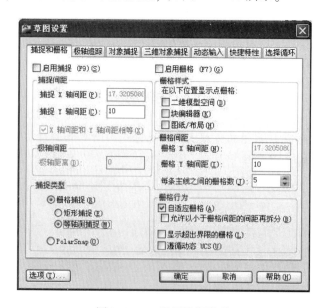

图 2-3-43　设置捕捉类型

（2）将图层切换到"轮廓线"图层，首先点击"正交模式" 按钮或者按 F8 键，打开正交模式，然后按 F5 键切换到"等轴测平面 俯视"平面开始绘图。在命令行中输入"L"，激活"直线"命令，点击任意一点作为直线的第一点，将光标移动到出现 30° 追踪线时，输入 600，按回车键，移动光标，当出现 150° 追踪线时，输入 600，按回车键，再次移动光标，当出现 210° 追踪线时，输入 600，按回车键，输入"C"，按回车键，得到如图 2-3-44 所示图形。

（3）按 F5 键切换到"等轴测平面 右视"平面，利用"直线"命令，以图 2-3-45 中的 A 点为起点向下绘制长为 160 的直线，然后移动光标，当出现 30° 追踪线时，输入 600，按回车键，然后点击 C 点；按 F5 键切换到"等轴测平面 左视"平面，再次利用"直线"命令，以 B 点为起点，当出现 150° 追踪线时，输入 600，按回车键，然后点击 D 点完成绘制，如图 2-3-45 所示。

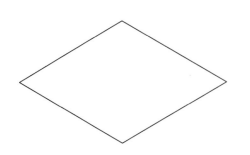

图 2-3-44　绘制矩形的轴测图

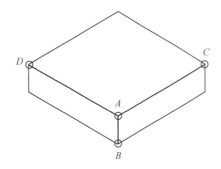

图 2-3-45　绘制沙发垫的轴测图

（4）利用相同的方法，按 F5 键切换绘图平面，用"直线"命令在刚绘制的矩形轴测图的下面绘制另外一个矩形的轴测图，尺寸为 600×600×140，如图 2-3-46 所示。

（5）绘制沙发靠背。以图 2-3-47 中的 E 点为起点绘制靠背的轴测图，尺寸为 600×200×800，方法同上，用"直线"命令，根据情况按 F5 键切换绘图平面。

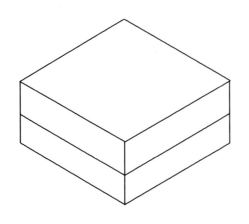

图 2-3-46　绘制沙发坐垫轴测图

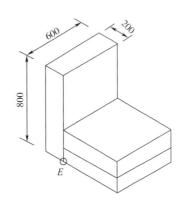

图 2-3-47　绘制沙发靠背

（6）复制沙发座。输入"CO"，激活"复制"命令，将绘制好的沙发座图形复制出三个，顺次排列，如图 2-3-48 所示。

（7）绘制单个沙发座。利用前面介绍的方法，在现有的图形上绘制一个尺寸为 700×600×300 的沙发座，如图 2-3-49 所示。

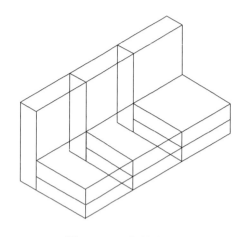

图 2-3-48　复制沙发座

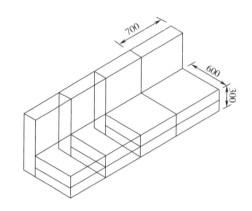

图 2-3-49　绘制单个沙发座

（8）绘制沙发扶手。利用"直线"命令，配合 F5 键切换绘图平面，以 F 点为起点，绘制沙发扶手，尺寸为 200×800×600，然后将其复制到沙发的另一侧，基点选择 G 点，如图 2-3-50 所示。

（9）绘制沙发躺床。以图 2-3-51 中的 H 点为起点，绘制沙发躺床的轴测图，尺寸为 900×900×300，方法同上，如图 2-3-51 所示。

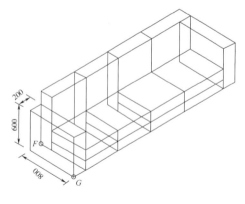

图 2-3-50　绘制沙发扶手

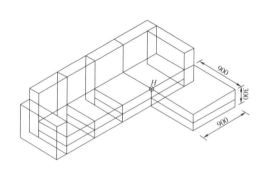

图 2-3-51　绘制沙发躺床

（10）绘制沙发脚。沙发脚的轴测图其实是两个圆柱叠加，首先按 F5 键切换到"等轴测平面 俯视"平面，输入"EL"，激活"椭圆"命令，输入"I"，切换到"等轴测圆"模式，指定任意点为圆心，输入半径为 15，绘制出等轴测圆的图形，如图 2-3-52 所示。

（11）输入"CO"，激活"复制"命令，基点选择 I 点，即椭圆的圆心，鼠标向下移动，出现垂直追踪线时，输入数值 70，将刚绘制的椭圆向下复制，用公切线将两个椭圆连接；然后再次激活"椭圆"命令，利用相同方法绘制一个半径为 20 的椭圆，圆心选择 J 点，即复制后的椭圆的圆心；激活"复制"命令，将半径为 20 的椭圆向下复制，距离为"10"，用公切线将两椭圆连接，如图 2-3-53 左图所示，激活"修剪"命令，修剪掉不可见的线，完成沙发脚的轴测图，如图 2-3-53 右图所示。

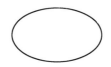

图 2-3-52　绘制圆的等轴测图

（12）绘制辅助线，确定沙发脚的位置。激活"直线"命令，选择图 2-3-54 中的 K 点为起点，移动鼠标，当出现 30° 追踪线时，输入数值"85"，按回车键，再次移动鼠标，当出现 150° 追踪线时，输入数值 40，按回车键，确定沙发脚的位置，然后复制沙发脚图形到辅助线的端点位置。

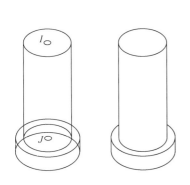

图 2-3-53　绘制沙发脚

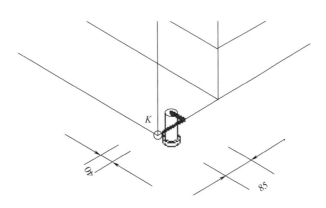

图 2-3-54　确定沙发脚的位置

（13）作辅助线，方法同上，确定另外三个沙发脚的位置。30° 方向的尺寸均是 85，150° 方向尺寸均是 40，如图 2-3-55 所示。然后输入"CO"，激活"复制"命令，将沙发脚复制相应位置。

（14）输入"TR"，激活"修剪"命令，将绘制的不可见线修剪掉，完成沙发的轴测图，见前文中图 2-3-41 所示。

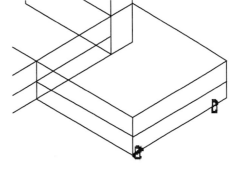

图 2-3-55　作辅助线并复制沙发脚

❓**作业与思考**

　　绘制如图 2-3-56 轴测图，练习轴测图的画法。

图 2-3-56　沙发轴测图

任务四　沙发三维实体图绘制

学习目标：掌握沙发三维实体造型图的绘制方法，灵活运用创建三维实体的命令。

应知理论：三视图读图基础，AutoCAD 相关命令的运用。

应会技能：能将实体绘制方法与 AutoCAD 相关知识结合，绘制出沙发的三维实体图形。

一、案例分析

本案例要求绘制如图 2-3-57 所示沙发的三维实体图形，尺寸以"模块三"中的"项目一"中尺寸为准，本任务需用到矩形（REC）、复制（CO）、移动（M）、拉伸实体（EXT）、三维镜像（MIRROR3d）等命令。

二、设置绘图环境

（1）打开中文 AutoCAD 2019，新建一个文档。

（2）设置图形界限。单击菜单"格式" > "图形界限"命令，设置图形界限为"10000×10000"。

（3）设置图形单位。单击菜单"格式" > "单位"（或输入 UN）命令，打开"图形单位"对话框，设置单位后点击"确定"按钮结束。

（4）创建图层。点击工具栏的"图层特性管理器"按钮（或输入

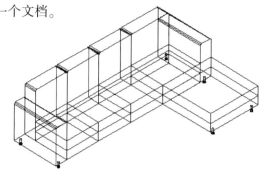

图 2-3-57　沙发三维实体图

"LA"），创建图层，如图 2-3-58 所示。轮廓线图层：颜色黑色，线型连续线，线宽 0.3。

三、绘制沙发三维实体图形

（1）将图层切换到"轮廓线"图层，在命令行中输入"v"，打开"视图管理器"窗口，如图 2-3-59 所示，双击"西南等轴测"选项，点击"确定"按钮，将视图切换到"西南等轴测"视角，如图 2-3-60 所示。

图 2-3-58　图层设置

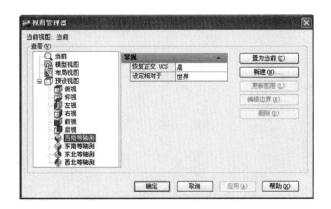

图 2-3-59　视图管理器

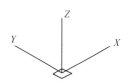

图 2-3-60　西南等轴测视角

（2）在命令行中输入"BOX"，激活"长方体"命令，指定任意点作为长方体的第一角点，输入相对坐标（@ 600,600,140），得到尺寸为 600×600×140 的长方体 1，如图 2-3-61 所示。

（3）下面介绍另一种生成长方体的方法，也是本例中应用最多的方法。在命令行中输入"REC"，激活"矩形"命令，绘制尺寸为 600×600 的矩形，如图 2-3-62 所示。然后输入"EXT"，激活建模命令中的"拉伸实体"命令，选择刚绘制的矩形，然后输入拉伸距离为 160，生成长方体 2，如图 2-3-63 所示。

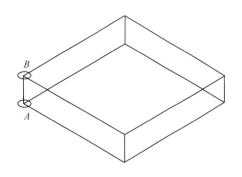

图 2-3-61　生成长方体 1

（4）利用上述方法，再绘制一个尺寸为 600×200×800 的长方体 3。顺序为先绘制 600×200 的矩形，然后利用"EXT"命令将矩形拉伸成实体 3，如图 2-3-64 所示。

（5）在命令行中输入"M"，激活"移动"命令，将绘制的三个长方体移动到如图 2-3-65 所示位置，移动时长方体 2 的 C 点和长方体 1 的 B 点重合，长方体 3 的 D 点和长方体 1 的 A 点重合。

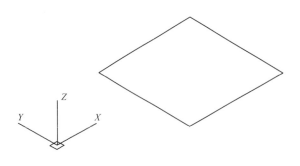

图 2-3-62 绘制 600×600 的矩形

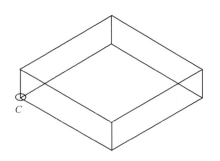

图 2-3-63 生成长方体 2

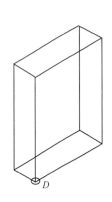

图 2-3-64 生成长方体 3

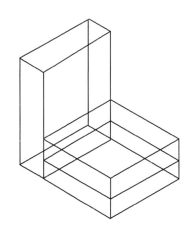

图 2-3-65 移动后的图形

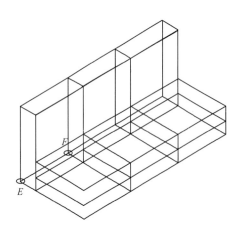

图 2-3-66 复制沙发单元

（6）在命令行中输入"CO"，激活"复制"命令，将如图 2-3-65 所示的沙发单元复制出三个，得到如图 2-3-66所示图形。

（7）绘制另外一个沙发单元，方法同上。绘制三个矩形，两个尺寸为 700×600，一个尺寸为 700×200；输入"EXT"，激活建模命令中的"拉伸实体"命令，拉伸距离分别为 140，160，800；然后激活"移动"命令，将其移动到一起，得到图 2-3-67 所示图形；将绘制的沙发单元移动到另外三个右侧，得到如图 2-3-68 所示的图形。

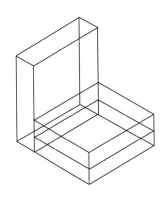

图 2-3-67　绘制沙发单元

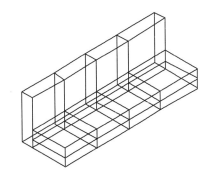

图 2-3-68　组合沙发图形

（8）绘制沙发脚踏。绘制两个尺寸为 900×900 的矩形，然后拉伸成实体，拉伸距离分别为 140 和 160，绘制完成后将其移动到图 2-3-69 所示位置。

（9）绘制沙发扶手。绘制一个尺寸为 200×800 的矩形，然后拉伸成实体，拉伸距离为 600，如图 2-3-70 所示；然后通过移动、复制将其放在沙发的两侧，如图 2-3-71 所示。

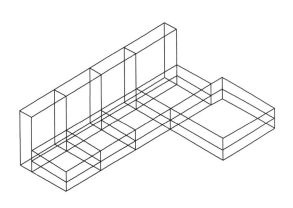

图 2-3-69　绘制沙发脚踏

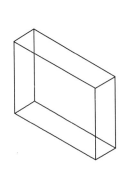

图 2-3-70　绘制沙发扶手

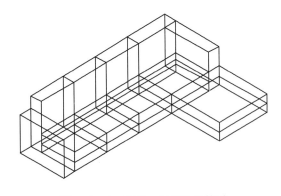

图 2-3-71　移动、复制沙发扶手

（10）绘制沙发脚。绘制两个同心圆，直径分别为 30 和 40，然后拉伸成圆柱体，ϕ30 的圆向上拉伸 70，ϕ40 的圆向下拉伸 10，得到图 2-3-72 所示沙发脚 1。在命令行中输入 "M"，激活 "移动" 命令，选择 G 点为基点，选择位移点时利用 "FROM" 命令，选择 H 点为基准点，偏移量输入（@85,40），将沙发脚移动到图 2-3-73 所示位置。

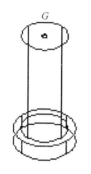

图 2-3-72　绘制沙发脚 1

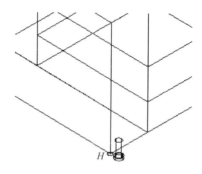

图 2-3-73　移动沙发脚 1

（11）在命令行中输入"MIRROR3d"，激活"三维镜像"命令，选择沙发脚 1，选择镜像平面时输入 *ZX*，平面上的点选择 *I* 点，得到如图 2-3-74 所示沙发脚 2。激活"复制"命令，选择刚绘制的沙发脚 1、2，选择任意点为基点，打开正交，将光标移动到 *X* 轴的正方向输入 2730，得到沙发脚 3、4；再次激活"复制"命令，选择其中一个沙发脚，利用"FROM"命令，基准点分别选择 *J*、*K* 点，偏移量分别输入（@85,40）和（@-85,40），得到沙发脚 5、6，如图 2-3-75 所示。

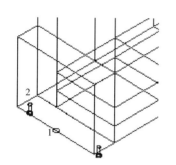

图 2-3-74　镜像得到沙发脚 2

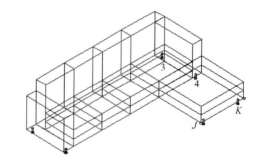

图 2-3-75　复制得到其余沙发脚

（12）对沙发棱线进行圆角编辑。在命令行中输入"F"，激活"圆角"命令，半径为 25，选择图 2-3-76 左图中的"直线 1"进行编辑，得到图 2-3-76 右图所示图形。

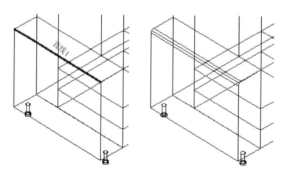

图 2-3-76　圆角编辑

（13）再次激活"圆角"命令，对沙发进行编辑，得到最终沙发图形，见前文中图2-3-57。

四、沙发实体图形渲染

点击"渲染"工具栏中的"材质浏览器"  按钮，或者输入"MAT"，弹出"材质浏览器"对话框，如图2-3-77所示；在Autodesk库中挑选合适的材质，点击后即可将材质图形加载到文档材质中，方便使用；再用鼠标选择沙发实体图形，点击材质图片，就可将材质图形附着在实体上；然后，点击"渲染"工具栏中的"渲染" 按钮，即可实现沙发的渲染操作。

图2-3-77　材质浏览器

作业与思考

1. 选择一款沙发，画出该沙发的三维实体图形。
2. 思考利用旋转（REV）等命令创建回转体的绘制方法。

项目二　茶几的绘制

茶几是家居生活中常见的客厅家具之一。通过本案例的学习，大家可熟悉实木茶几的尺度、连接结构以及设计要求，进一步加强家具设计中三视图的绘制技巧。

任务一　茶几案例分析与绘图环境设置

学习目标：掌握茶几基本结构方式与外观尺寸，了解茶几各零部件的名称。
应知理论：茶几的尺寸，常见榫卯结构形式，AutoCAD绘图环境设置的方法。
应会技能：掌握用AutoCAD绘制茶几的基本方法。

一、案例分析

本任务要求绘制茶几的三视图，并进行尺寸标注，如图2-3-78所示。

二、设置绘图环境

（1）设置图形界限。在"格式"菜单下点击"图形界限"，根据图纸尺寸大小，设置图形界限"5000×5000"。

（2）设置图形单位。执行"单位（UN）"命令，将长度单位的类型设置为小数，精度设置为0，其他使用默认值，如图2-3-79所示。

（3）设置图层。执行"图层"命令，为方便绘图，便于编辑、修改和输出，设置以下图层：轮廓线（0.30mm），细实线（0.13mm），虚线（0.13mm），填充（0.05mm），尺寸标注（0.13mm），如图2-3-80所示。

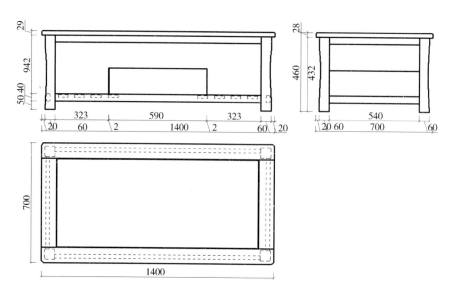

图 2-3-78　茶几三视图

（4）设置标注样式，执行"标注（D）"命令，如图 2-3-81 所示。

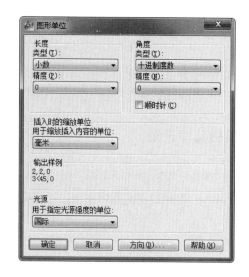

图 2-3-79　设置单位

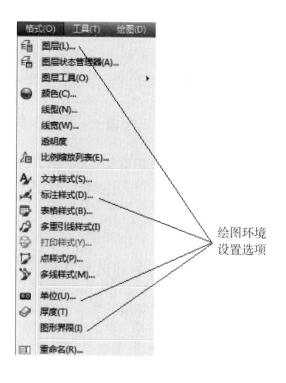

绘图环境
设置选项

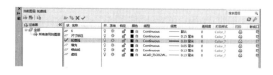

图 2-3-80　设置图层　　　　　　　　图 2-3-81　绘图环境设置选项

任务二　茶几三视图绘制

学习目标：掌握茶几三视图的绘制方法，了解茶几三视图中各零部件结合方式。
应知理论：家具结构设计相关理论，AutoCAD 相关命令的运用。
应会技能：能综合茶几结构与 AutoCAD 相关知识绘制茶几三视图。

一、茶几主视图的绘制

（1）将图层切换到"轮廓线"图层，进行绘制。

（2）执行"矩形"命令，绘制一个尺寸为 700×28 的矩形。使用"倒角"命令，将矩形的左上角倒为半径为 10mm 的圆角，如图 2-3-82 所示。

图 2-3-82　矩形倒角

（3）执行"矩形"命令，在如图 2-3-83 所示位置绘制一个尺寸为 60×432 的矩形，绘制完后如图 2-3-84 所示。使用"移动"命令，选择此矩形往右移动 20mm。

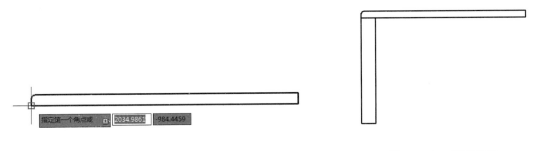

图 2-3-83　绘制矩形　　　　　　　　　　　　　图 2-3-84　移动矩形

（4）执行"样条曲线"命令，在如图 2-3-85 所示光标位置绘制一条如图 2-3-86 所示的样条曲线（绘制完后若不满意可选择此条线进行移动修改），使用"修剪"命令，修剪成如图 2-3-87 所示。

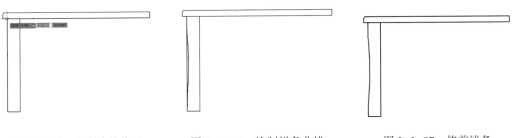

图 2-3-85　指定绘线位置　　　　图 2-3-86　绘制样条曲线　　　　图 2-3-87　修剪线条

（5）执行"矩形"命令，在如图 2-3-88 所示光标位置绘制一个尺寸为 620×40 的矩形，如图 2-3-89 所示。使用"移动"命令，选择这个矩形向上移动 50mm。

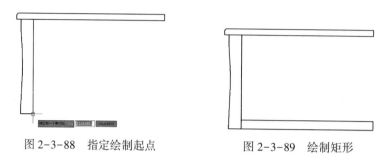

图 2-3-88　指定绘制起点　　　　　图 2-3-89　绘制矩形

（6）执行"矩形"命令，在如图 2-3-90 所示光标位置往左绘制一个尺寸为 297×154 的矩形，如图 2-3-91 所示。

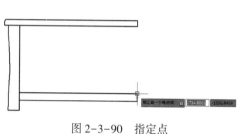
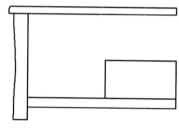

图 2-3-90　指定点　　　　　　图 2-3-91　添加矩形

（7）执行"偏移"命令，选择上一个绘制的矩形往里偏移 2mm，如图 2-3-92 所示。

（8）执行"直线"命令，在如图 2-3-93 所示光标位置往左绘制一条 2mm 的直线，使用"移动"命令往下移动 16mm。在如图 2-3-94 所示光标位置往下绘制一条 2mm 的直线，使用"移动"命令往右移动 16mm。

图 2-3-92　偏移矩形

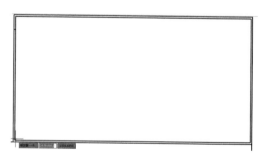

图 2-3-93　指定直线起点　　　　　图 2-3-94　指定新起点

（9）选择如图 2-3-95 所示图形，移动如图 2-3-96 所示。

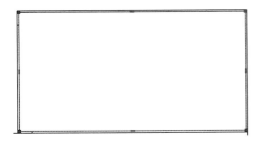

图 2-3-95 指定选择图形

图 2-3-96 移动图形

（10）将图层切换到"虚线"图层，进行绘制。

（11）执行"矩形"命令，在如图 2-3-97 光标位置往左绘制一个尺寸为 22×40 的矩形。使用"倒角"命令，依次将这个矩形的左上角和右上角倒成半径为 5mm 和 3mm 的圆角。使用"移动"命令，选择矩形往左移动 30mm，如图 2-3-98 所示。

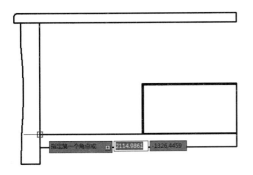

图 2-3-97 指定点

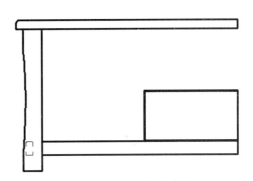

图 2-3-98 移动矩形

（12）执行"矩形"命令，在如图 2-3-99 所示位置往左绘制一个尺寸为 60×16 的矩形。使用"倒角"命令，依次将这个矩形的左上角和右上角倒为半径 3mm 的圆角。使用"移动"命令，选择矩形往右移动 20mm，接着往下再移动 3mm，如图 2-3-100 所示。

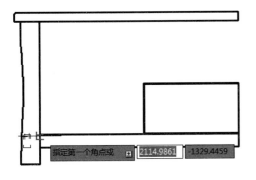

图 2-3-99 指定角点

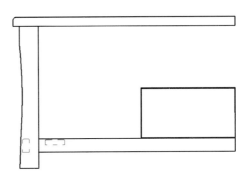

图 2-3-100 移动矩形

（13）执行"复制"命令，选择上一个绘制的图形，往右复制 3 个间隔距离为 40mm 的图形，如图 2-3-101 所示。

（14）执行"矩形"命令，在如图 2-3-102 所示位置往左绘制一个尺寸为620×40 的矩形，如图 2-3-103 所示。

（15）执行"镜像"命令，选择绘制的全部图形，镜像到右边，如图 2-3-104 所示。选择中间要删除的线条，按 Delete 键进行删除，如图 2-3-105 所示。至此，茶几主视图绘制完成。

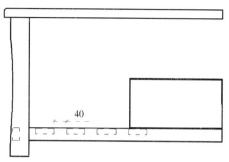

图 2-3-101　复制图形

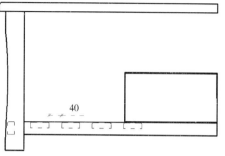

图 2-3-102　选择角点

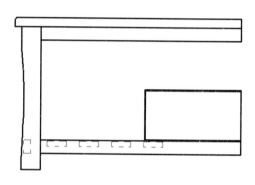

图 2-3-103　绘制矩形

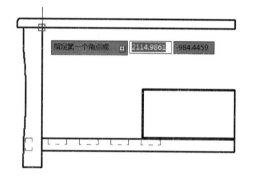

图 2-3-104　镜像图形

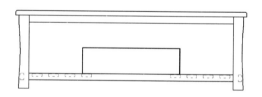

图 2-3-105　茶几主视图

二、茶几左视图的绘制

（1）将图层切换到"轮廓线"图层，进行绘制。

（2）根据图纸得知，茶几在左视图的整体进深尺寸为 700mm，造型上只是主视图在 X 轴方向进行了缩小，因此，我们可以利用较为简便的方法来实现左视图的绘制。

（3）执行"复制"命令，选择主视图往右复制，如图 2-3-106 所示。

（4）在键盘上找到 Delete 键，将在左视图中看不到的地方进行删除，如图 2-3-107 所示。

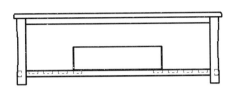
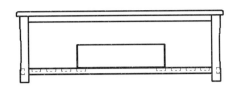

图 2-3-106　复制左视图

（5）茶几的左视图在造型上只是主视图在 X 轴方向上进行了缩小，所以要计算出其缩小的距离：1400-700＝700mm。

（6）如图 2-3-108 所示，框选图形，执行"拉伸"命令，选择一个拉伸点往左缩进 700mm，如图 2-3-109 所示。

图 2-3-107　删除多余线条

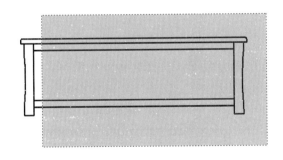

图 2-3-108　框选图形

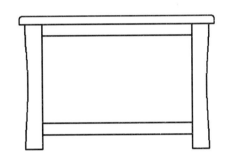

图 2-3-109　缩小图形

（7）根据实物，茶几从左看过去还能看到抽屉，所以在如图 2-3-110 所示位置执行"矩形"命令，绘制一个尺寸为 540×147 的矩形。

（8）茶几左视图绘制完成，如图 2-3-111 所示。

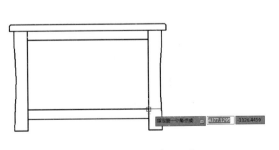

图 2-3-110　添加矩形

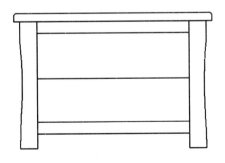

图 2-3-111　茶几左视图

三、茶几俯视图的绘制

（1）执行"矩形"命令，绘制一个尺寸为 1400×90 的矩形。使用"倒角"命令，将这个矩形的左上角和右上角倒为半径为 20mm 的圆角，如图 2-3-112 所示。

图 2-3-112　倒圆角

（2）执行"矩形"命令，在如图 2-3-113 指定位置绘制一个尺寸为 90×520 的矩形。使用"镜像"命令，选择横中点将刚刚绘制的图形镜像到右边，如图 2-3-114 所示。

图 2-3-113　指定点绘制矩形

图 2-3-114　镜像矩形

（3）执行"镜像"命令，选择如图 2-3-115 所示图形，选择竖中点镜像到另一边，如图 2-3-116 所示。

图 2-3-115　选择图形

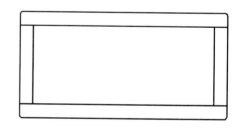

图 2-3-116　镜像图形

（4）将图层切换到"虚线"图层，进行绘制。

（5）执行"矩形"命令，在如图 2-3-117 所示位置绘制一个尺寸为 60×60 的矩形，如图 2-3-118 所示。使用"倒角"命令，将这个矩形的左上角倒为半径为 10mm 的圆角，右上角和左下角倒为半径为 5mm 的圆角。使用"移动"命令，选择这个图形往右移动 20mm，再往上移动 10mm，如图 2-3-119 所示。

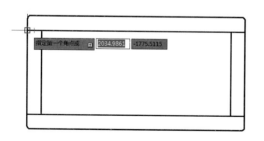

图 2-3-117　指定矩形角点

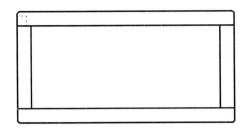

图 2-3-118　添加矩形

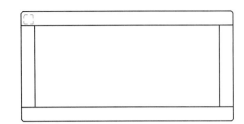

图 2-3-119　移动矩形

（6）执行"矩形"命令，找到如图 2-3-120 所示交点位置，绘制一个尺寸为 1240×22 的矩形，如图 2-3-121 所示。

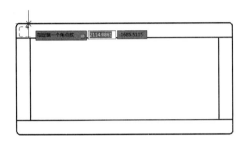

图 2-3-120　指定点

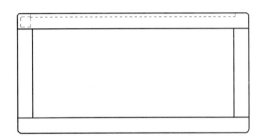

图 2-3-121　绘制矩形

（7）执行"移动"命令，选择这个矩形往下移动 28mm，如图 2-3-122 所示。

（8）执行"矩形"命令，找到如图 2-3-123 所示交点位置，绘制一个尺寸为 22×540 的矩形，如图 2-3-124 所示。

（9）执行"移动"命令，选择这个矩形，往右移动 28mm，如图 2-3-125 所示。

（10）执行"镜像"命令，选择如图 2-3-126 所示图形，依次镜像，如图 2-3-127 所示。

（11）将图层切换到"轮廓线"图层，进行绘制。

（12）执行"矩形"命令，在如图 2-3-128 所示位置绘制一个尺寸为 1220×520 的矩形。

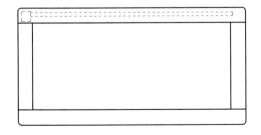

图 2-3-122　移动指定图形

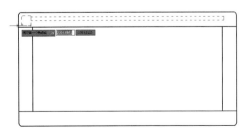

图 2-3-123　指定角点

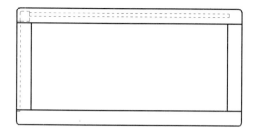

图 2-3-124　指定点绘制矩形

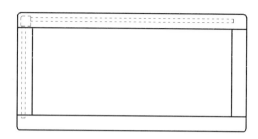

图 2-3-125　移动指定矩形

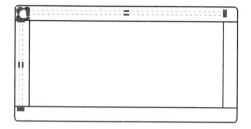

图 2-3-126　选择图形

图 2-3-127　镜像

（13）执行"偏移"命令，选择矩形，往里偏移 2mm，茶几俯视图绘制完成，如图 2-3-129 所示。

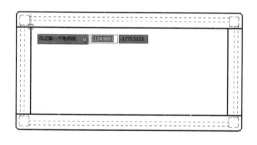

图 2-3-128　指定点

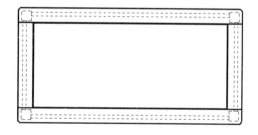

图 2-3-129　茶几俯视图

四、尺寸标注

将图层切换到"尺寸标注"图层，利用"尺寸标注"命令对绘制的茶几进行标注，标注尺寸见前文中图 2-3-78。至此，茶几三视图绘制完成。

项目三　电视柜的绘制

电视柜可以是整个房间的中心，同时它还具有装饰客厅和收纳物品的作用。通过本案例的学习，大家可熟悉电视柜的尺寸要求，加深对二维绘图命令的掌握，能熟练绘制家具的三视图。

任务一　电视柜三视图绘制

学习目标：掌握电视柜三视图的绘制方法，灵活运用 FROM 命令确定点的位置。

应知理论："三等"规律的画法几何原则，AutoCAD 相关命令的运用。

应会技能：能综合电视柜结构与 AutoCAD 相关知识绘制电视柜的三视图。

一、案例分析

本案例要求绘制如图 2-3-130 所示电视柜的三视图，并进行尺寸标注。主要利用矩形（REC）、复制（CO）、修剪（TR）、移动（M）、圆角（F）、镜像（MI）等命令。

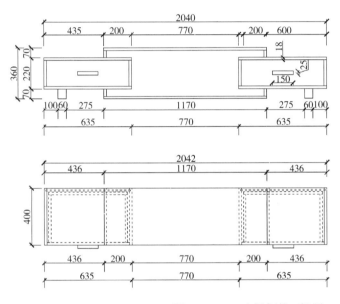

图 2-3-130　电视柜的三视图

二、设置绘图环境

（1）打开中文 AutoCAD 2019，新建一个文档。

（2）设置图形界限。单击菜单"格式">"图形界限"命令，设置图形界限为"5000×5000"。

（3）设置图形单位。单击菜单"格式">"单位"（或输入 UN）命令，打开"图形单位"对话框，设置单位后点击"确定"按钮结束。

（4）创建图层。点击工具栏的

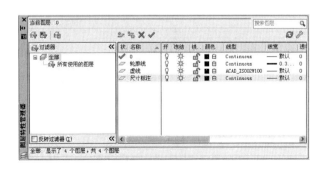

图 2-3-131　图层设置

"图层特性管理器"按钮（或输入"LA"），创建图层，如图 2-3-131 所示。

①轮廓线图层：颜色黑色，线型连续线，线宽 0.3。

②虚线图层：颜色黑色，线型虚线，线宽默认。

③尺寸标注图层：颜色黑色，线型连续线，线宽默认。

三、绘制电视柜的主视图

（1）将图层切换到"轮廓线"图层。在命令行中输入"REC"，激活"矩形"命令，绘制一个尺寸为 635×220 的矩形。

（2）在命令行中输入"O"，激活"偏移"命令，输入偏移距离 18，将矩形底边向上偏移，生成如图 2-3-132 所示的矩形 1。

（3）在命令行中输入"X"，激活"分解"命令，将绘制的矩形炸开。

（4）在命令行中输入"EX"，激活"延伸"命令，生成如图 2-3-133 所示图形。

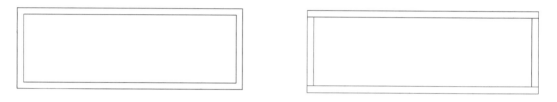

图 2-3-132　偏移矩形　　　　　　　　　图 2-3-133　延伸图形

（5）在命令行中输入"REC"，激活"矩形"命令，绘制一个尺寸为 60×70 的矩形。

（6）在命令行中输入"M"，激活"移动"命令，选择图中大矩形左下角点为移动基点，按 F8 开键启正交，水平移动 100，生成如图 2-3-134 所示图形。

（7）在命令行中输入"REC"，激活"矩形"命令，绘制一个尺寸为 100×25 的矩形。

（8）在命令行中输入"M"，激活"移动"命令，选择刚刚绘制的矩形，移动至大矩形中心，生成如图 2-3-135 所示图形。

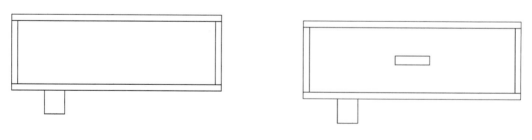

图 2-3-134　水平移动矩形　　　　　　　图 2-3-135　移动图形

（9）在命令行中输入"XL"，激活"构造线"命令，绘制线，如图 2-3-136 所示。

（10）在命令行中输入"O"，激活"偏移"命令，输入偏移距离分别为 70 和 200，将线分别向上、向左偏移，如图 2-3-137 所示。

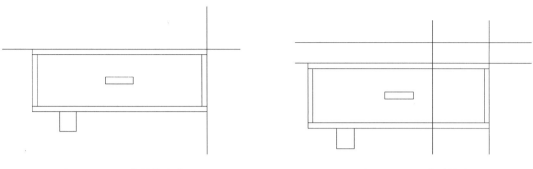

图 2-3-136　绘制构造线　　　　　　　　　　　　　图 2-3-137　偏移线条

（11）在命令行中输入"TR"，激活"修剪"命令，修剪图形，如图 2-3-138 所示。

（12）在命令行中输入"O"，激活"偏移"命令，输入偏移距离 18，将线分别向下、向右偏移，如图 2-3-139 所示。

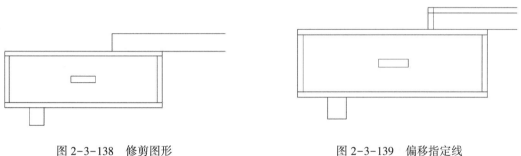

图 2-3-138　修剪图形　　　　　　　　　　　　　　图 2-3-139　偏移指定线

（13）在命令行中输入"TR"，激活"修剪"命令，将多余的线修剪掉。

（14）在命令行中输入"L"，激活"直线"命令，绘制图 2-3-140 中所示的线。

（15）在命令行中输入"XL"，激活"构造线"命令，绘制线条，如图 2-3-141 所示。

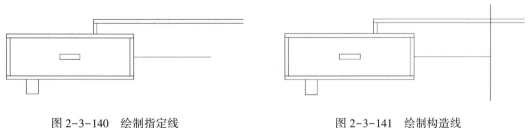

图 2-3-140　绘制指定线　　　　　　　　　　　　　图 2-3-141　绘制构造线

（16）在命令行中输入"TR"，激活"修剪"命令，将构造线右边的线及时修剪掉。

（17）在命令行中输入"MI"，激活"镜像"命令，将电视柜的上桌面镜像到下面；在命令行中输入"MI"，激活"镜像"命令，将绘制好的左半边镜像至右边，如图 2-3-142 所示。

（18）在命令行中输入"E"，激活"删除"命令，将构造线和中间的辅助直线删除，得到电视柜的主视图，如图 2-3-143 所示。

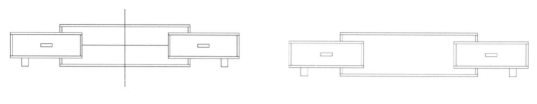

图 2-3-142　镜像指定图形　　　　　　　　　　图 2-3-143　电视柜主视图

四、绘制电视柜的俯视图

（1）在命令行中输入"REC"，激活"矩形"命令，绘制一个尺寸为 635×400 的矩形，注意矩形的左轮廓线与主视图对齐，如图 2-3-144 所示。

（2）在命令行中输入"X"，激活"分解"命令，将绘制的矩形炸开。

（3）在命令行中输入"O"，激活"偏移"命令，输入偏移距离分别为 11，7，13，18，如图 2-3-145 所示。

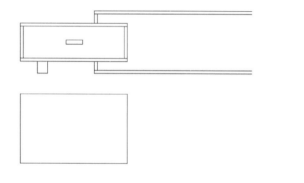

图 2-3-144　俯视图轮廓线　　　　　　　　　　图 2-3-145　指定距离偏移线

（4）在命令行中输入"O"，激活"偏移"命令，输入偏移距离分别为 13，6，10，18，如图 2-3-146 所示。

（5）在命令行中输入"TR"，激活"修剪"命令，修剪图形，如图 2-3-147 所示。

（6）在命令行中输入"REC"，激活"矩形"命令，绘制一个尺寸为 100×25 的矩形，如图 2-3-148 所示。

（7）在命令行中输入"O"，激活"偏移"命令，输入偏移距离分别为 435，18，567，如图 2-3-149 所示。

（8）在命令行中输入"EX"，激活"延伸"命令，如图 2-3-150 所示。

（9）选中俯视图中看不见的线，将其切换至虚线图层，如图 2-3-151 所示。

图 2-3-146 偏移直线

图 2-3-147 修剪后的图形

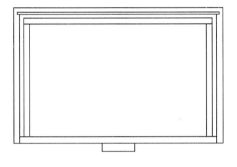

图 2-3-148 绘制新矩形

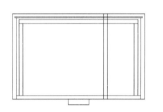

图 2-3-149 偏移指定线

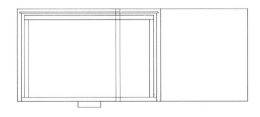

图 2-3-150 延伸线条

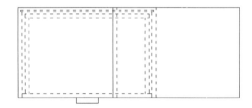

图 2-3-151 转换图层

（10）在命令行中输入"MI"，激活"镜像"命令，将电视柜的左边镜像一个至右边，如图 2-3-152 所示。

（11）在命令行中输入"E"，激活"删除"命令，删除中间的中线，生成如图 2-3-153 所示的图形，即电视柜的俯视图。

图 2-3-152 镜像图形

图 2-3-153 电视柜俯视图

五、绘制电视柜的左视图

（1）在命令行中输入"REC"，激活"矩形"命令，绘制一个尺寸为400×360的矩形，注意矩形的上下轮廓线与主视图对齐，如图2-3-154所示。

（2）在命令行中输入"O"，激活"偏移"命令，输入偏移距离分别为18,52,18,184,18，生成如图2-3-155所示的图形。

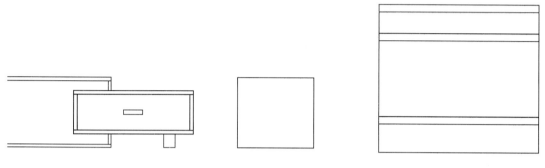

图2-3-154　左视图轮廓线　　　　　　　图2-3-155　偏移指定线

（3）在命令行中输入"REC"，激活"矩形"命令，分别绘制一个尺寸为25×25和两个40×70的矩形，并移动至指定位置，如图2-3-156所示。

（4）将图层切换到"虚线"图层，在命令行中输入"REC"，激活"矩形"命令，分别绘制尺寸为6×189，18×120，349×5，18×184的矩形，并移动至指定位置，如图2-3-157所示。

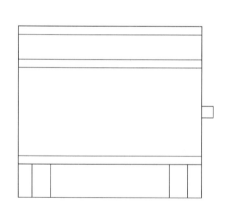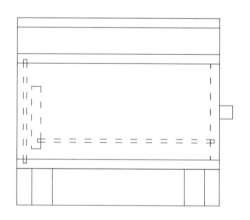

图2-3-156　添加指定矩形　　　　　　图2-3-157　添加多个矩形

（5）在命令行中输入"L"，激活"直线"命令，绘制抽屉侧板，如图2-3-158所示。

（6）在命令行中输入"TR"，激活"修剪"命令，修剪图形，如图2-3-159所示，即电视柜的左视图。

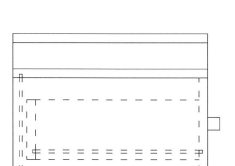

图 2-3-158　绘制抽屉侧板

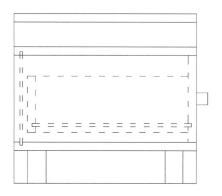

图 2-3-159　电视柜左视图

六、进行尺寸标注

将图层切换到"尺寸标注"图层，利用"尺寸标注"命令对绘制的电视柜三视图进行标注，标注尺寸见前文中图 2-3-130。

❓作业与思考

1. 绘制如图 2-3-160 所示电视柜的三视图。

2. 思考"FROM"命令运用的规律。

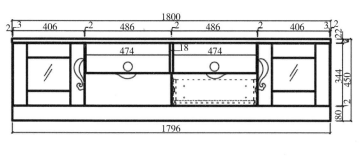

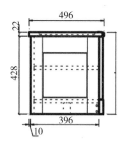

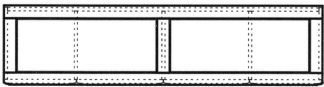

图 2-3-160　电视柜三视图

任务二　电视柜剖面图绘制

学习目标：掌握电视柜剖面图的绘制，灵活运用"图案填充"命令。

应知理论：剖面图的绘制要求，AutoCAD 相关命令的运用。

应会技能：能将剖面图绘制要求与 AutoCAD 相关知识结合绘制电视柜的剖面图。

一、案例分析

本案例要求绘制如图 2-3-161 所示电视柜的剖面图，并进行尺寸标注。该任务需用到矩形（REC）、复制（CO）、移动（M）、图案填充（H）等命令。

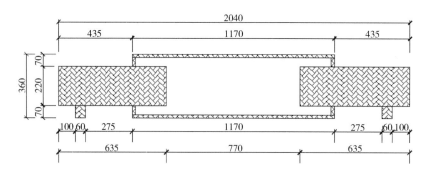

图 2-3-161　电视柜剖面图

二、设置绘图环境

（1）打开中文 AutoCAD 2019，新建一个文档。

（2）设置图形界限。单击菜单"格式">"图形界限"命令，设置图形界限为"3000×3000"。

（3）设置图形单位。单击菜单"格式">"单位"（或输入 UN）命令，打开"图形单位"对话框，设置单位后点击"确定"按钮结束。

（4）创建图层。点击工具栏的"图层特性管理器"按钮（或输入"LA"），创建图层，如图 2-3-162 所示。

图 2-3-162　图层设置

①轮廓线图层：颜色黑色，线型连续线，线宽 0.3；

②图案填充图层：颜色黑色，线型连续线，线宽默认；

③尺寸标注图层：颜色黑色，线型连续线，线宽默认。

三、绘制电视柜轮廓线

（1）将图层切换到"轮廓线"图层，在命令行中输入"REC"，激活"矩形"命令，绘制两个矩形，尺寸分别为635×220和60×70，如图2-3-163所示。

（2）再次输入"REC"，激活"矩形"命令，分别绘制18×17和1170×18的矩形，并移动，如图2-3-164所示。

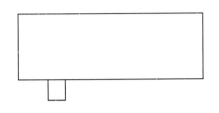

图2-3-163　绘制指定矩形

图2-3-164　添加矩形并移动

（3）在命令行中输入"MI"，激活"镜像"命令，将电视柜镜像，如图2-3-165所示。

四、绘制剖面

将图层切换到"图案填充"图层，在命令行中输入"H"，激活"图案填充"命令，如图2-3-166所示。对图形进行填充，图案选择AR-HBONE，比例输入0.2，得到如图2-3-167所示效果。

五、进行尺寸标注

将图层切换到"尺寸标注"图层，利用"尺寸标注"命令对绘制的电视柜剖面图进行标注，标注尺寸见前文中图2-3-161。

图2-3-165　镜像图形

图2-3-166　图案填充

图2-3-167　填充效果

❓ 作业与思考

1. 绘制任务一中电视柜的剖视图。

2. 思考"图案填充"命令中"继承特性"的应用。

任务三　电视柜轴测图绘制

学习目标：掌握电视柜轴测图的绘制方法，灵活运用"等轴测捕捉"命令。

应知理论：正等轴测图的绘制要求，AutoCAD 相关命令的运用。

应会技能：能将正等轴测图的绘制要求与 AutoCAD 相关知识结合，绘制电视柜的轴测图。

一、案例分析

本案例要求绘制如图 2-3-168 所示电视柜的轴测图，该任务需用到捕捉模式、直线（L）、复制（CO）等命令。

二、设置绘图环境

（1）打开中文 AutoCAD 2019，新建一个文档。

（2）设置图形界限。单击菜单"格式">"图形界限"命令，设置图形界限为"5000×5000"。

（3）设置图形单位：单击菜单"格式">"单位"（或输入 UN）命令，打开"图形单位"对话框，设置单位后点击"确定"按钮结束。

（4）创建图层。点击工具栏的"图层特性管理器"按钮（或输入"LA"），创建图层，如图 2-3-169 所示。轮廓线图层：颜色黑色，线型连续线，线宽 0.3。

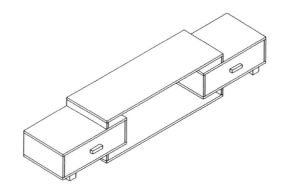

图 2-3-168　电视柜轴测图

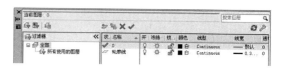

图 2-3-169　图层设置

三、绘制电视柜轴测图

（1）设置捕捉类型。鼠标右键点击"捕捉模式" 按钮，点击"设置"选项，弹出"草图设置"对话框，在"捕捉和栅格"选项卡中将"捕捉类型"中的"栅格捕捉"改为"等轴测捕捉"，点击"确定"完成设置，如图 2-3-170 所示。

（2）将图层切换到"轮廓线"图层，首先点击"正交模式" 按钮或者按 F8 键，打开正交模式，然后按 F5 键切换到"等轴测平面 俯视"平面开始绘图。在命令行中输入"L"，激活"直线"命令，点击任意一点作为直线的第一点，将光标移动到出现 30°追踪线时，输入 1170，按回车键，移动光标，当出现 150°追踪线时，输入 400，按回车键，再次移动光标，当出现 210°追踪线时，输入 1170，按回车键，输入"C"，按回车键，得到如图 2-3-171 所示图形。

图 2-3-170 设置捕捉类型

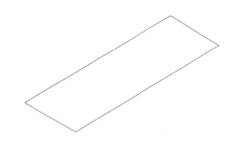

图 2-3-171 绘制轮廓线

（3）按 F5 键切换到"等轴测平面 右视"平面，利用"直线"命令，以图 2-3-172 中的 A 点为起点向下绘制长为 70 的直线，然后移动光标，当出现 150°追踪线时，输入 400，按回车键，然后点击 C 点；按"F5"键切换到"等轴测平面 左视"平面，再次利用"直线命令"，以 B 点为起点，当出现 270°追踪线时，输入 70，按回车键，然后点击 D 点，完成绘制，如图 2-3-173 所示。

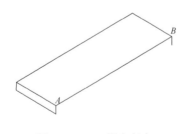

图 2-3-172 指定起点

图 2-3-173 复制线条

（4）输入"CO"，激活"复制"命令，复制出板的厚度，如图 2-3-173 所示。

（5）在命令行中输入"L"，激活"直线"命令，点击任意一点作为直线的第一点，将光标移动到出现 30°追踪线时，输入 635，按回车键，移动光标，当出现 150°追踪线时，输入 400，按回车键，再次移动光标，当出现 210°追踪线时，输入 635，按回车键，输入 B，按回车键，如图 2-3-174 所示。

（6）按 F5 键切换到"等轴测平面 右视"平面，利用"直线"命令，以图 2-3-175 中的 C 点为起点向下绘制长为 220 的直线，然后移动光标，当出现 30°追踪线时，输入 400，按回车键，然后点击 F 点；按 F5 键切换到"等轴测平面 左视"平面，再次利用

"直线命令"，以 D 点为起点，当出现 150°追踪线时，输入 400，按回车键，然后点击 E 点，完成绘制，如图 2-3-175 所示。

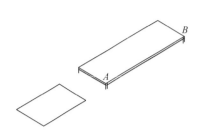

图 2-3-174　添加图形

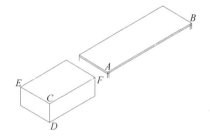

图 2-3-175　指定点绘图

（7）输入"CO"，激活"复制"命令，复制出板的厚度，如图 2-3-176 所示。

（8）输入"L"，激活"直线"命令，利用类似方法绘制电视柜的拉手、腿部及背板，如图 2-3-177 所示。

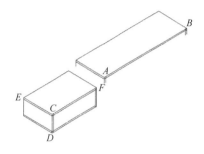

图 2-3-176　复制指定线

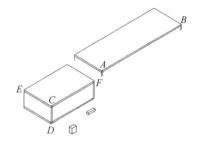

图 2-3-177　拉手、腿部及背板

（9）输入"M"，激活"移动"命令，根据三视图数据将绘制好的图形移动，如图 2-3-178 所示。

（10）输入"CO"，激活"复制"命令，复制图形如图 2-3-179 所示。

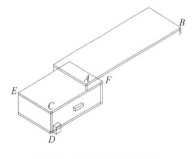

图 2-3-178　移动零部件

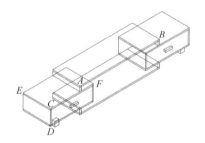

图 2-3-179　复制已绘图形

（11）输入"TR"，激活"修剪"命令，将轴测图中不可见的线修剪掉，完成电视柜的轴测图，见前文中图 2-3-168。

？ 作业与思考

1. 绘制如图 2-3-180 所示电视柜的轴测图。

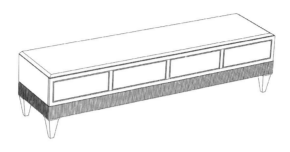

图 2-3-180 电视柜

2. 思考等轴测模式下倒圆角图形的绘制方法。

任务四 电视柜三维实体图绘制

学习目标：掌握电视柜三维实体造型图的绘制方法，灵活运用创建三维实体的命令。
应知理论：三视图读图基础，AutoCAD 相关命令的运用。
应会技能：能将实体绘制方法与 AutoCAD 相关知识结合，绘制出电视柜的三维实体图形。

一、案例分析

本案例要求绘制如图 2-3-181 所示电视柜的三维实体图形，尺寸以本项目中电视柜尺寸为准。本任务需用到矩形（REC）、复制（CO）、移动（M）、拉伸实体（EXT）、三维镜像（MIRROR3d）等命令。

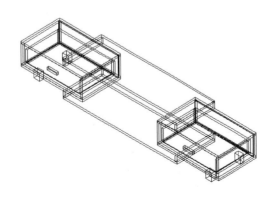

图 2-3-181 电视柜三维实体图

二、设置绘图环境

（1）打开中文 AutoCAD 2019，新建一个文档。

（2）设置图形界限。单击菜单"格式">"图形界限"命令，设置图形界限为"10000×10000"。

图 2-3-182　图层设置

（3）输入 UN 命令，打开"图形单位"对话框，设置单位后点击"确定"按钮结束。

（4）创建图层。点击工具栏的"图层特性管理器"按钮（或输入"LA"），创建图层，如图 2-3-182。轮廓线图层：颜色黑色，线型连续线，线宽0.3。

三、绘制电视柜三维实体图形

（1）将图层切换到"轮廓线"图层，在命令行中输入"v"，打开"视图管理器"窗口，如图 2-3-183 所示。双击"西南等轴测"选项，点击"确定"按钮，将视图切换到"西南等轴测"视角，如图 2-3-184 所示。

图 2-3-183　视图管理器

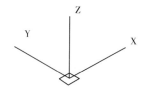

图 2-3-184　西南等轴测视角

（2）将视图切换到主视图，在命令行中输入"REC"，激活"矩形"命令，绘制尺寸为 1170×18 的矩形，如图 2-3-185 所示。

图 2-3-185　生成长方形

（3）输入"EXT"，激活建模命令中的"拉伸实体"命令，选择上一步骤中绘制的矩形，然后输入拉伸距离为 160，生成长方体，如图 2-3-186 所示。

（4）利用上述方法，绘制电视柜中所有深度为 400 的板，如图 2-3-187 所示。

（5）输入"EXT"，激活建模命令中的"拉伸实体"命令，选择上一步绘制的矩形，然后输入拉伸距离为 400，如图 2-3-188 所示。

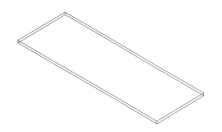

图 2-3-186　生成长方体

图 2-3-187　绘制所有板件

（6）将视图切换到主视图，在命令行中输入"REC"，激活"矩形"命令，根据三视图的尺寸，同理绘制出电视柜的腿部和拉手，如图 2-3-189 所示。

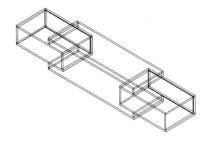

图 2-3-188　拉伸矩形

图 2-3-189　绘制腿部和拉手

（7）输入"EXT"，激活建模命令中的"拉伸实体"命令，选择上一步绘制的矩形，输入拉伸距离为 40 和 20，如图 2-3-190 所示。

（8）将视图切换到俯视图，在命令行中输入"REC"，激活"矩形"命令，绘制抽屉的俯视图，如图 2-3-191 所示。

（9）输入"EXT"，激活建模命令中的"拉伸实体"命令，选择上一步绘制的图形，输入拉伸距离分别为 182，120 和 5，如图 2-3-192 所示。

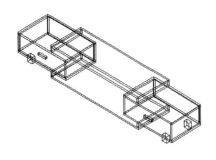

图 2-3-190　拉伸腿部和拉手

图 2-3-191　抽屉俯视图

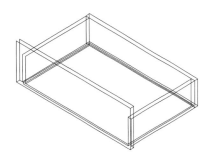

图 2-3-192　拉伸图形

（10）在命令行中输入"M"，激活"移动"命令，将绘制的抽屉面板向下移动 20、抽屉底板向上移动 13，如图 2-3-193 所示。

（11）在命令行中输入"CO"，激活"复制"命令，将绘制的抽屉复制一个。

（12）将视图切换到俯视图，在命令行中输入"REC"，激活"矩形"命令，绘制电视柜的背板。

（13）输入"EXT"，激活建模命令中的"拉伸实体"命令，选择上一步绘制的矩形，输入拉伸距离 5，如图 2-3-194 所示。

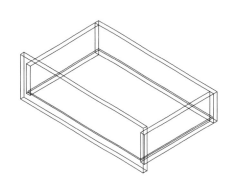
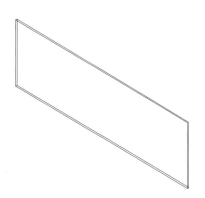

图 2-3-193　移动板件　　　　　　　　　图 2-3-194　拉伸矩形

（14）在命令行中输入"M"，激活"移动"命令，移动抽屉及背板至指定位置，生成电视柜三维实体图形，见前文中图 2-3-181。

任务五　电视柜零部件图绘制

学习目标：掌握电视柜零部件图的绘制方法。

应会技能：能将电视柜三视图绘制方法与 AutoCAD 相关知识结合，绘制出电视柜的零部件图。

一、设置绘图环境

（1）打开中文 AutoCAD 2019，新建一个文档。

（2）设置图形界限。单击菜单"格式"＞"图形界限"命令，设置图形界限为"5000×5000"。

（3）设置图形单位。单击菜单"格式"＞"单位"（或输入 UN）命令，打开"图形单位"对话框，设置单位后点击"确定"按钮结束。

图 2-3-195　图层设置

（4）创建图层。点击工具栏的"图层特性管理器"按钮（或输入"LA"），创建图层，如图 2-3-195 所示。

①轮廓线图层：颜色黑色，线型连续线，线宽 0.3。

②虚线图层：颜色黑色，线型虚线，线宽默认。

③尺寸标注图层：颜色黑色，线型连续线，线宽默认。

二、零部件图的绘制

（一）电视柜面板零部件的绘制

（1）在命令行中输入"REC"，激活"矩形"命令，绘制一个尺寸为 1170×400 的矩形，如图 2-3-196 所示。

（2）在命令行中输入"X"，激活"分解"命令，将绘制的矩形炸开。

（3）在命令行输入"O"，激活"偏移"命令，输入偏移距离分别为 9，40，32，256，32，40，如图 2-3-197 所示。

图 2-3-196　绘制矩形

图 2-3-197　偏移指定线

（4）运用前面所学命令绘制零部件图所需运用图例并移动至图中相应位置，如图 2-3-198 所示。

（5）在命令行输入"E"，激活"删除"命令，将辅助线删除。

（6）木材纹理方向、封边情况、圆榫的数量用图例表示出来，如图 2-3-199 所示。

图 2-3-198　图例运用

$8-\phi 8 \times 13$

图 2-3-199　表示纹理、封边及榫的数量

（7）将绘制好的图形进行标注，如图 2-3-200 所示。

（二）电视柜其他零部件的绘制

根据上述类似方法绘制其他零部件图，对应编号如图 2-3-201 所示。相应编号零部件图如图 2-3-202 至图 2-3-207 所示。

其他一些在视图上容易出现误解编号的零部件图以部件名称列出，如图 2-3-208 至图 2-3-214 所示。

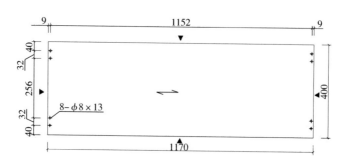

图 2-3-200　面板零部件图

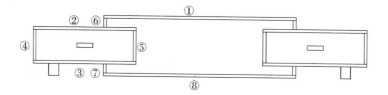

图 2-3-201　电视柜零部件编号

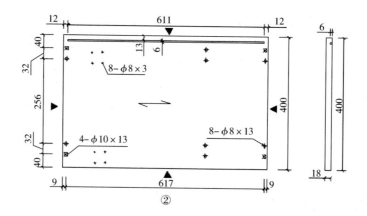

图 2-3-202　编号②零部件图

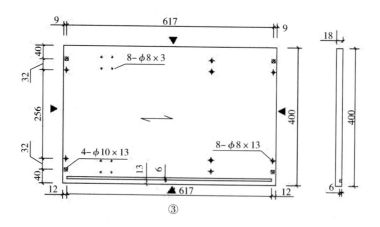

图 2-3-203　编号③零部件图

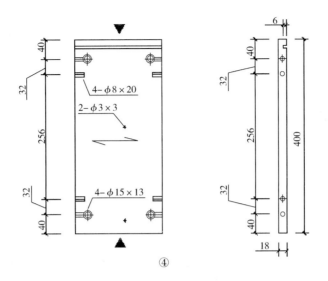

图 2-3-204　编号④零部件图

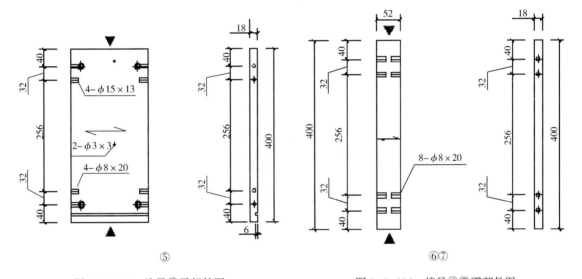

图 2-3-205　编号⑤零部件图　　　　　图 2-3-206　编号⑥⑦零部件图

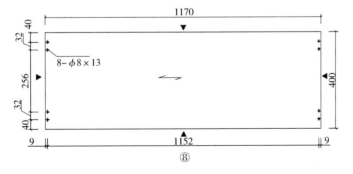

图 2-3-207　编号⑧零部件图

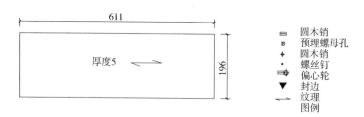

图 2-3-208　背板

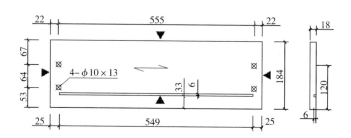

图 2-3-209　抽屉面板

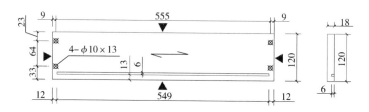

图 2-3-210　抽屉背板

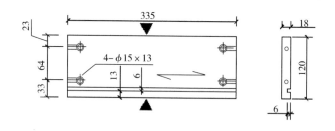

图 2-3-211　抽屉左侧板正面

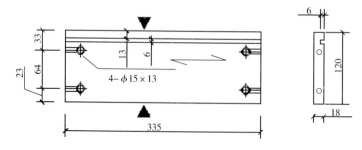

图 2-3-212　抽屉右侧板正面

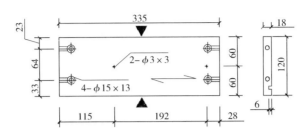

图 2-3-213　抽屉左侧板反面

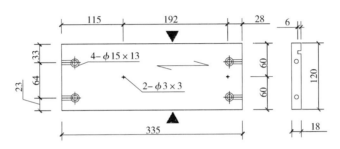

图 2-3-214　抽屉右侧板反面

❓ 作业与思考

绘制如图 2-3-215 所示办公桌部件的孔位图。

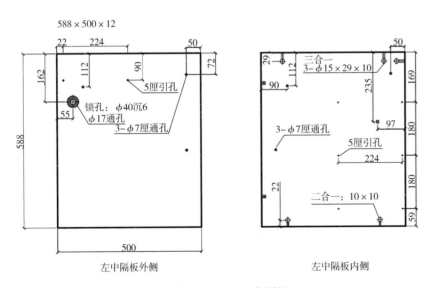

图 2-3-215　左中隔板

模块四 图纸的输出与打印

图纸绘制完成以后，我们可将其打印成纸质文件或者输出其他格式文件以供保存。图纸的打印和输出是绘图工作的最后一步，也是 AutoCAD 操作的一个重要环节。

任务一 配置绘图设备

学习目标：掌握 AutoCAD 2019 打印时绘图设备的配置方法。
应知理论：AutoCAD 图纸保存，计算机基础知识。
应会技能：能够在打印时进行绘图设备的配置。

一、案例分析

本案例是在打印时对绘图设备进行配置。

二、添加新的输出设备

单击 AutoCAD 2019 软件中"文件"菜单栏中的"绘图仪管理器"选项，打开"Plotters"文件窗口，如图 2-4-1 所示。双击"添加绘图仪向导"图标，弹出"添加绘图仪—简介"对话框，点击"下一步"按钮，弹出"添加绘图仪—开始"对话框，如图 2-4-2 所示。

图 2-4-1 "Plotters"文件窗口

图 2-4-2 "添加绘图仪—开始"菜单

如果需要添加系统默认的打印机，可以点选图 2-4-2 中的"系统打印机"选项，点击"下一步"，然后按照提示完成打印设备的添加。

如果需要添加已有打印机，可以点选图 2-4-2 中的"我的电脑"选项，弹出"添加绘图仪—绘图仪型号"对话框，如图 2-4-3 所示。选择打印机的生产商、型号，然后按照提示完成已有打印设备的添加。

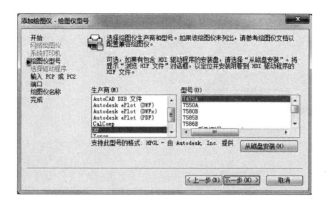

图 2-4-3 "添加绘图仪—绘图仪型号"对话框

作业与思考

AutoCAD 绘图完成后应怎样配置绘图设备？

任务二 布局设置

学习目标：掌握 AutoCAD 2019 打印时布局设置的方法。
应知理论：AutoCAD 图纸保存，计算机基础知识。
应会技能：能够在打印时进行布局设置。

一、案例分析

本案例以打印沙发图纸为例，对图纸进行布局设置。

二、切换布局

点击"文件"菜单栏中的"打开"选项，选择已绘制好的"沙发三维造型图"，将其打开。点击软件下方的"布局选项卡"按钮，切换到布局空间，如图 2-4-4 所示。

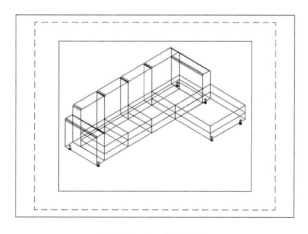

图 2-4-4 布局空间

三、创建视口

点击沙发视口的框线，删除该视口。然后点击"视图"菜单中的"视口"选项，选择四个视口，按回车键让四个视口布满整张图纸，如图 2-4-5 所示。点击状态栏中的"图纸" 图纸 按钮或者双击视口，切换到模型空间，利用"三维视图"命令将四个视口中的图形转换到合适的视角，如图 2-4-6 所示。

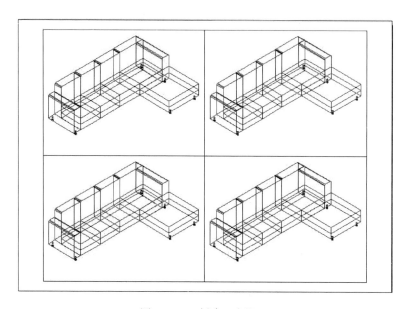

图 2-4-5　创建四个视口

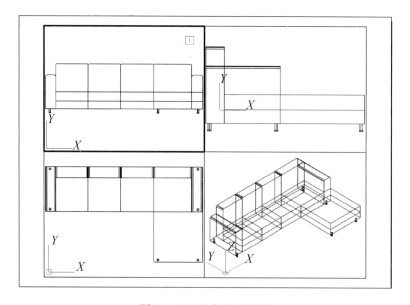

图 2-4-6　沙发的三视图

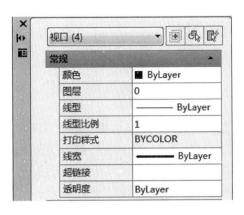

图 2-4-7　特性窗口

此时，四个视口中的图形并不符合三视图的"三等"规律，需要进行布局调整，主要包括比例的调整和图形的锁定。

点击状态栏中的"模型" 模型 按钮切换到图纸空间，用鼠标选中四个视口，然后点击"修改"菜单栏中的"特性"选项或者键盘中的"CTRL＋1"按键弹出"特性"窗口，如图 2-4-7 所示。在"注释比例"选项中选择合适的比例，比如本例选择 1∶30；在"显示锁定"选项中选择"是"，将视口中的图形锁定，完成布局的设置，如图 2-4-8 所示。

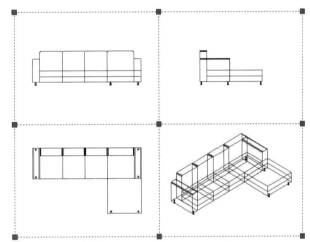

图 2-4-8　比例调整后的视图

❓ 作业与思考

打印时应怎样进行布局设置？

任务三　打印图纸

学习目标：掌握 AutoCAD 2019 打印图纸的方法。
应知理论：AutoCAD 图纸保存，计算机基础知识。
应会技能：能够进行打印图纸操作。

一、案例分析
本案例继续上一个任务，将布局设置完成后的图纸打印出图。

二、布局设置

打开"沙发三维造型图"图纸，进行布局设置，完成至图 2-4-8 所示的步骤。

三、页面参数设置

点击"文件"菜单中的"页面设置管理器"选项，弹出"页面设置管理器"对话框，如图 2-4-9 所示。

点击"新建"按钮，弹出"新建页面设置"对话框，"页面名称"和"基础样式"均可进行调整。然后，点击"确定"按钮，弹出"页面设置—布局 1"对话框，如图 2-4-10 所示。此对话框中，我们可以进行调整的选项如下：

（1）"打印机/绘图仪"选项，选择下拉列表中的某一设备作为打印设备。

（2）"图纸尺寸"选项，调整图纸幅面。

（3）"打印区域"选项，根据具体情况选择合适的打印范围。

（4）"打印偏移"选项，调整图纸左下角点的偏移量，一般选择默认值即可。

（5）"打印比例"选项，调整图纸的打印比例以适应图纸幅面。

（6）"打印样式表"选项，调整图线的颜色及线宽。

（7）"着色视口选项"，调整三维实体图形的打印模式，一般选择默认即可。

（8）"打印选项"，选择是否打印线宽等内容，一般选择默认即可。

（9）"图形方向"选项，根据图纸幅面选择图形打印时的方向。

完成以上设置后，点击"确定"按钮，结束设置，此时，在"页面设置管理器"对话框中增加了"设置 1"选项，点击"关闭"，完成页面参数设置。

图 2-4-9 页面设置管理器

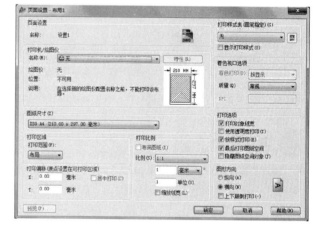

图 2-4-10 "页面设置—布局 1"对话框

四、打印图纸

点击"文件"菜单中的"打印"选项，弹出"打印—布局 1"对话框，如图 2-4-11所示。在"页面设置"选项中，点击"名称"后的下拉列表，选择设置好的"设置 1"即可。如之前没有进行页面设置，可直接在此窗口中进行设置。

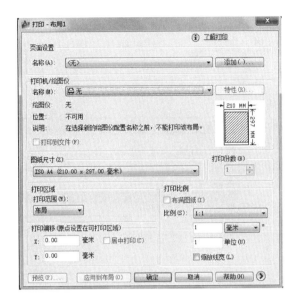

图 2-4-11 "打印—布局 1"对话框

完成打印设置后，点击"预览"按钮，进行打印预览，如有不合适之处可按 Esc 键返回打印设置界面继续调整，如没有问题，可直接打印出图。

作业与思考

如何进行打印设置？

任务四 输出其他格式文件

学习目标：掌握 AutoCAD 2019 输出其他格式文件的方法。
应知理论：AutoCAD 图纸保存，计算机基础知识。
应会技能：能够利用 AutoCAD 进行输出其他格式文件操作。

一、案例分析

本案例是利用 AutoCAD 2019 将完成的图纸输出成其他格式的文件。

二、输出图形

打开一张完成的图纸，点击"文件"菜单中的"打印"选项，直接在模型空间下进行打印设置。

首先，选择打印设备。在"打印机/绘图仪"选项的下拉列表中选择设备型号，如图 2-4-12 所示。如果选择"PublishToWeb JPG.pc3"型号，输出的图形文件为"JPG"格式；如果选择"PublishToWeb PNG.pc3"型号，则输出的图形文件为"PNG"格式。然后，调整"打印区域"。在"打印范围"选项中选择"窗口"模式，用鼠标框选图形，此时框选到的区域为图形输出的范围。完成后可用点击"预览"按钮进行预览，如果不合适可返回继续调整，如果没有问题，点击"确定"按钮，弹出"浏览打印文件"对话框，调整文件名称和保存的路径，确定后，即可在相应的位置找到输出的图形文件，完成图形输出。

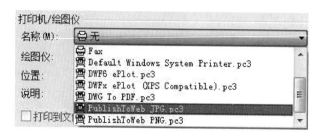

图 2-4-12　选择打印设备型号

？ 作业与思考

如何将绘制的图纸输出成 PNG 格式的文件？

经典案例篇

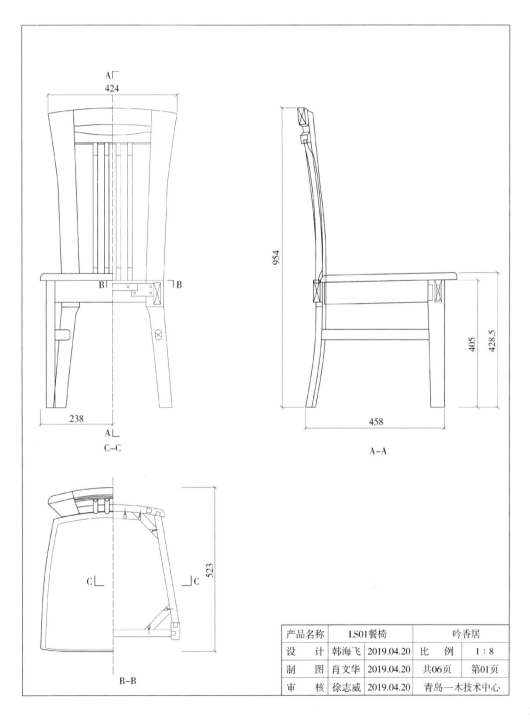

A-A

C-C

B-B

产品名称	LS01餐椅		吟香居	
设　计	韩海飞	2019.04.20	比　例	1：8
制　图	肖文华	2019.04.20	共06页	第01页
审　核	徐志威	2019.04.20	青岛一木技术中心	

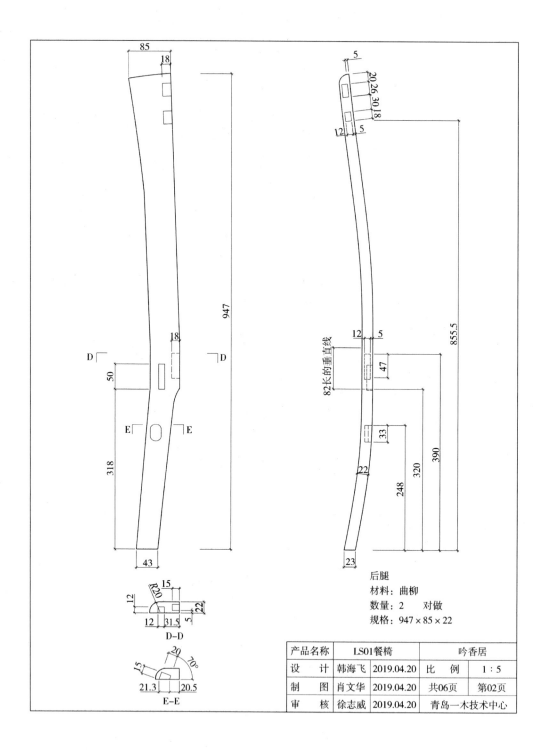

后腿
材料：曲柳
数量：2　　对做
规格：947×85×22

产品名称	LS01餐椅		吟香居	
设　计	韩海飞	2019.04.20	比　例	1：5
制　图	肖文华	2019.04.20	共06页	第02页
审　核	徐志威	2019.04.20	青岛一木技术中心	

经典案例篇

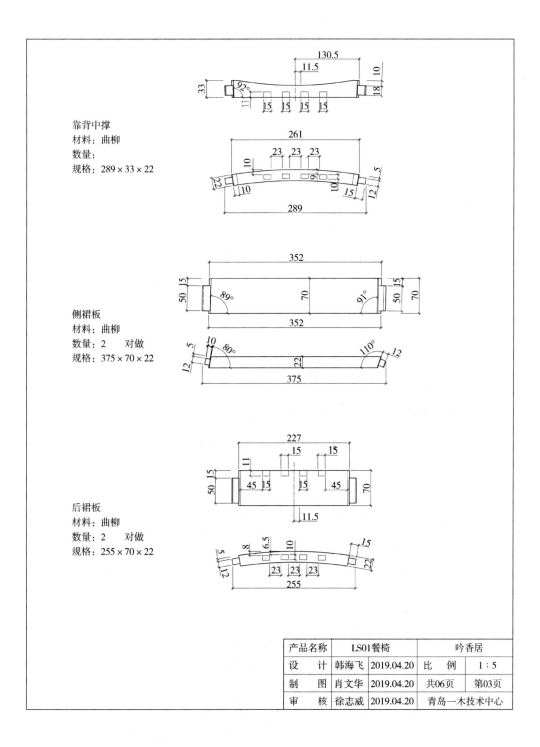

靠背中撑
材料：曲柳
数量：
规格：289×33×22

侧裙板
材料：曲柳
数量：2　对做
规格：375×70×22

后裙板
材料：曲柳
数量：2　对做
规格：255×70×22

产品名称	LS01餐椅		吟香居	
设　计	韩海飞	2019.04.20	比　例	1：5
制　图	肖文华	2019.04.20	共06页	第03页
审　核	徐志威	2019.04.20	青岛一木技术中心	

271

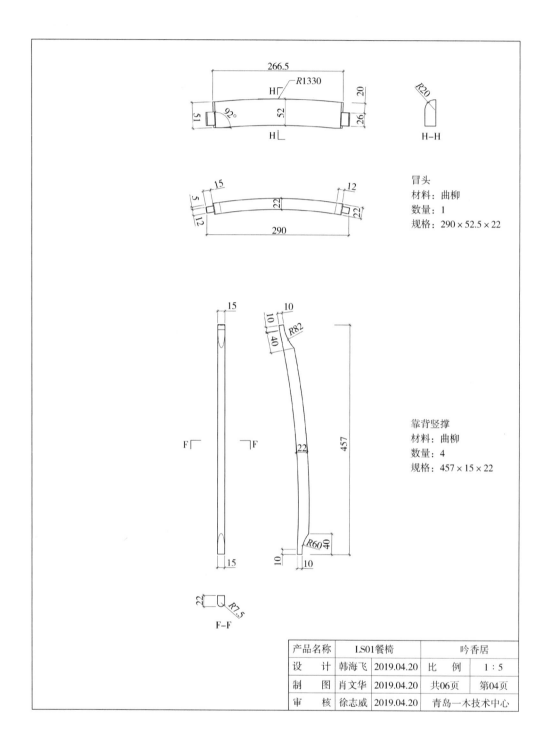

冒头
材料：曲柳
数量：1
规格：290×52.5×22

靠背竖撑
材料：曲柳
数量：4
规格：457×15×22

产品名称	LS01餐椅		吟香居	
设　　计	韩海飞	2019.04.20	比　　例	1：5
制　　图	肖文华	2019.04.20	共06页	第04页
审　　核	徐志威	2019.04.20	青岛一木技术中心	

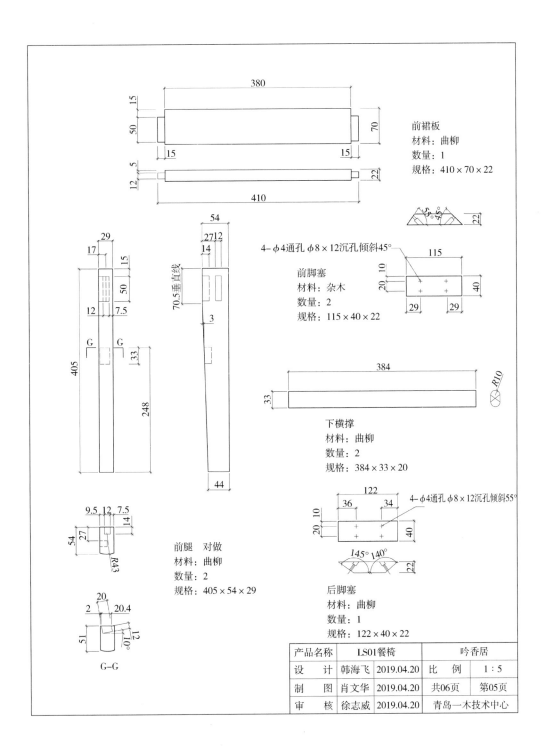

前裙板
材料：曲柳
数量：1
规格：410×70×22

4-φ4通孔 φ8×12沉孔倾斜45°

前脚塞
材料：杂木
数量：2
规格：115×40×22

下横撑
材料：曲柳
数量：2
规格：384×33×20

前腿　对做
材料：曲柳
数量：2
规格：405×54×29

4-φ4通孔 φ8×12沉孔倾斜55°

后脚塞
材料：曲柳
数量：1
规格：122×40×22

G-G

产品名称	LS01餐椅	吟香居		
设　计	韩海飞	2019.04.20	比　例	1：5
制　图	肖文华	2019.04.20	共06页	第05页
审　核	徐志威	2019.04.20	青岛一木技术中心	

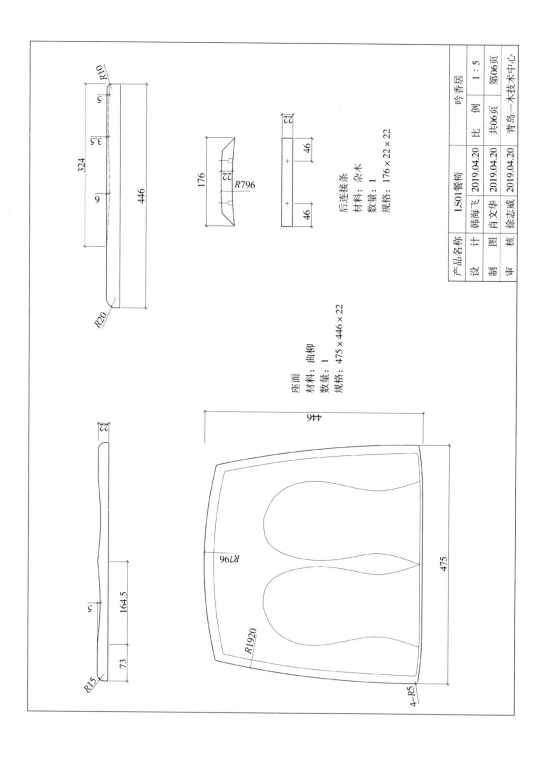

产品名称		LS01餐椅		吟香居	
设 计	韩海飞	2019.04.20	比 例	1：5	
制 图	肖文华	2019.04.20	共06页	第06页	
审 核	徐志威	2019.04.20	青岛一木技术中心		

后连接条
材料：杂木
数量：1
规格：176×22×22

座面
材料：曲柳
数量：1
规格：475×446×22

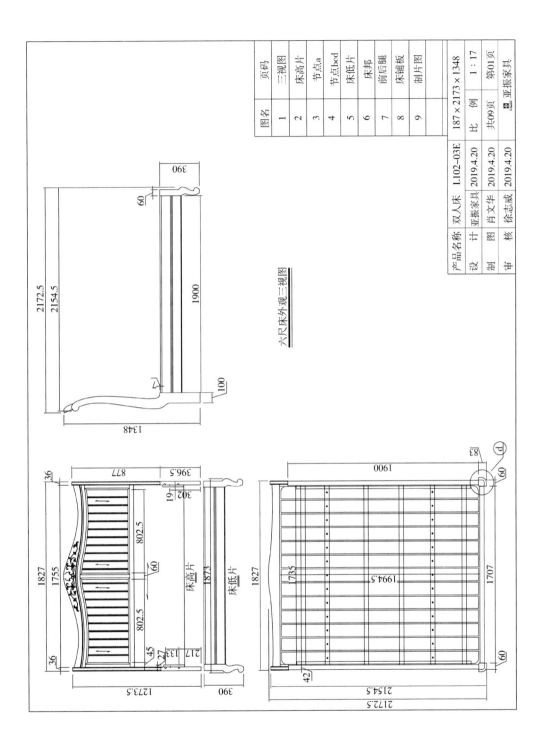

六尺床外观三视图

图名	页码
1	三视图
2	床高片
3	节点a
4	节点bcd
5	床低片
6	床邦
7	前后腿
8	床铺板
9	制片图

产品名称	双人床	L102-03E	187×2173×1348		
设 计	亚振家具	2019.4.20	比 例	1：17	
制 图	肖文华	2019.4.20	共09页	第01页	
审 核	徐志威	2019.4.20	亚振家具		

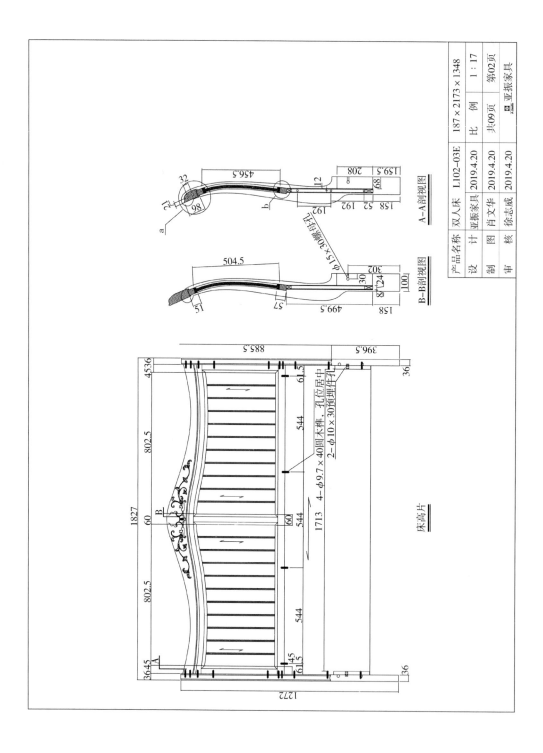

A—A剖视图

B—B剖视图

床高片

产品名称	双人床	L102-03E	187×2173×1348		
设　计	亚振家具	2019.4.20	比　例	1：17	
制　图	肖文华	2019.4.20	共09页	第02页	
审　核	徐志威	2019.4.20		亚振家具	

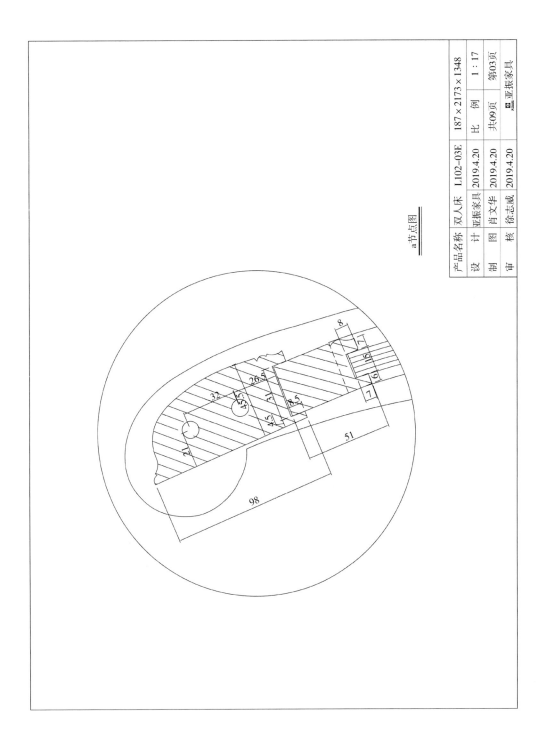

a节点图

产品名称	双人床	L102-03E	187×2173×1348
设　计	亚振家具	2019.4.20	比　例　　1:17
制　图	肖文华	2019.4.20	共09页　第03页
审　核	徐志威	2019.4.20	亚振家具

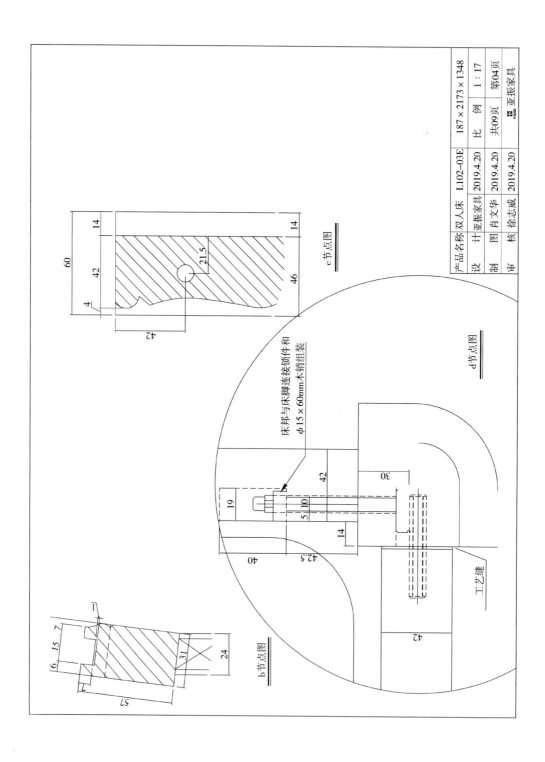

产品名称	双人床	L102-03E	187×2173×1348
设 计	亚振家具	2019.4.20	比 例 1：17
制 图	肖文华	2019.4.20	共09页 第04页
审 核	徐志威	2019.4.20	亚振家具

c节点图

d节点图

床邦与床脚连接锁件和
φ15×60mm木销组装

工艺缝

b节点图

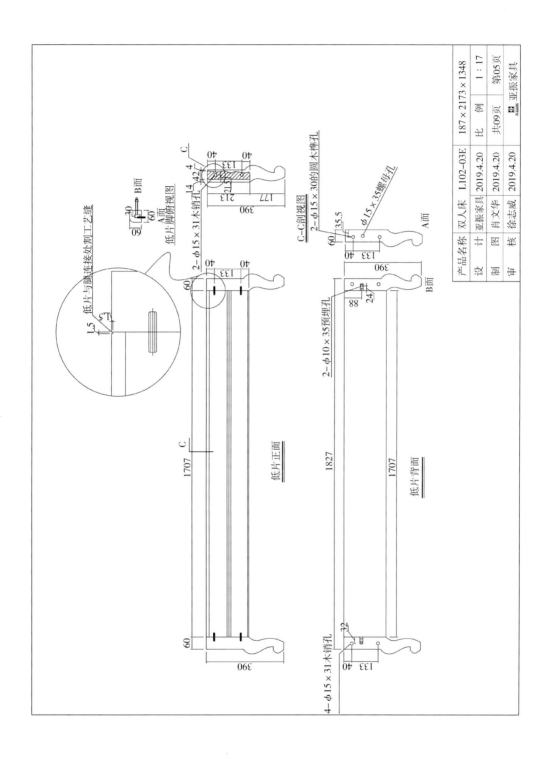

低片正面

低片背面

低片脚俯视图

C—C剖视图

低片与膀连接处削工艺缝

2—φ15×31木销孔

2—φ15×30的圆木榫孔

φ15×35螺母孔

2—φ10×35预埋孔

4—φ15×31木销孔

A面

B面

产品名称	双人床	计	亚振家具	L102-03E	187×2173×1348	
设	计	亚振家具	2019.4.20	比 例	1：17	
制	图	肖文华	2019.4.20	共09页	第05页	亚振家具
审	核	徐志威	2019.4.20			

279

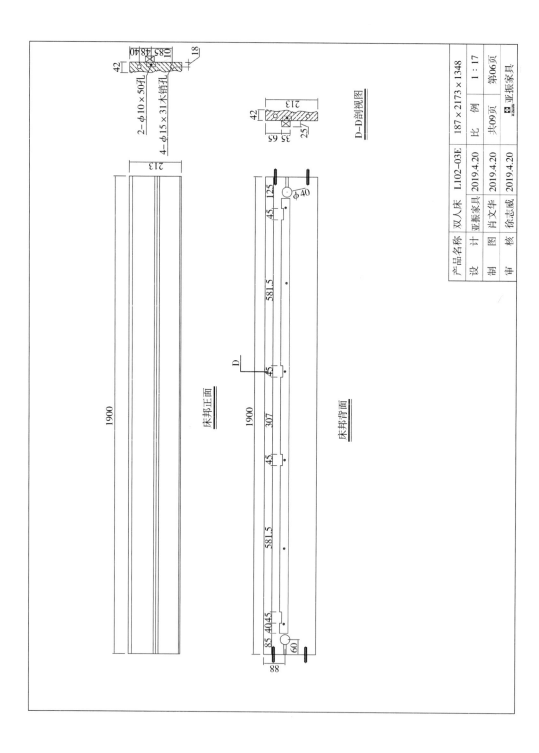

床邦正面

床邦背面

D—D剖视图

产品名称	双人床	L102-03E	187×2173×1348		
设 计	亚振家具	2019.4.20	比 例	1：17	
制 图	肖文华	2019.4.20	共09页	第06页	
审 核	徐志威	2019.4.20		亚振家具	

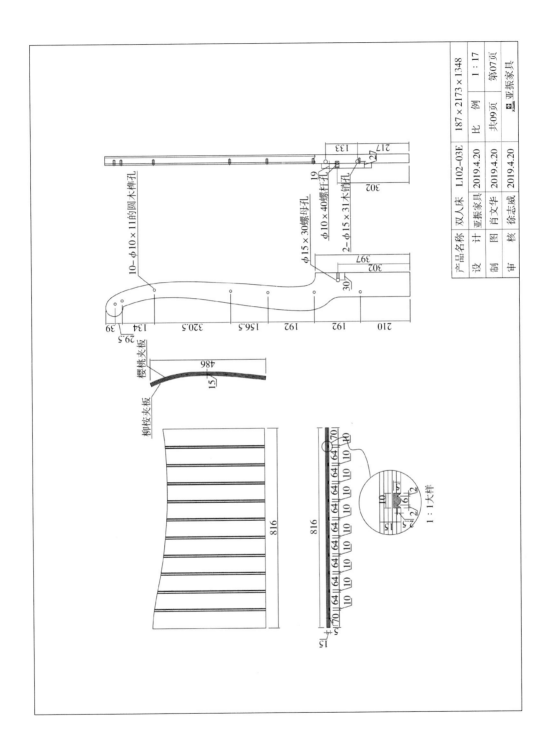

产品名称	双人床	L102-03E	187×2173×1348
设 计	亚振家具	2019.4.20	比 例 1：17
制 图	肖文华	2019.4.20	共09页 第07页
审 核	徐志威	2019.4.20	亚振家具

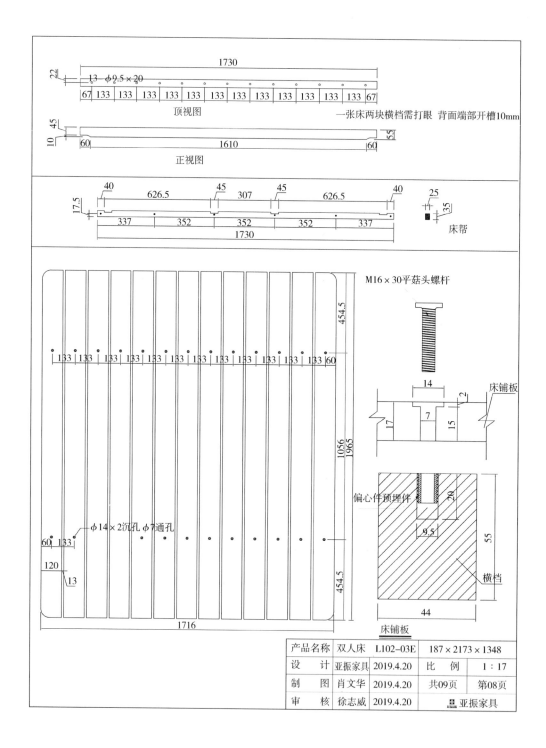

产品名称	双人床	L102-03E	187×2173×1348		
设　　计	亚振家具	2019.4.20	比　　例	1：17	
制　　图	肖文华	2019.4.20	共09页	第08页	
审　　核	徐志威	2019.4.20	亚振家具		

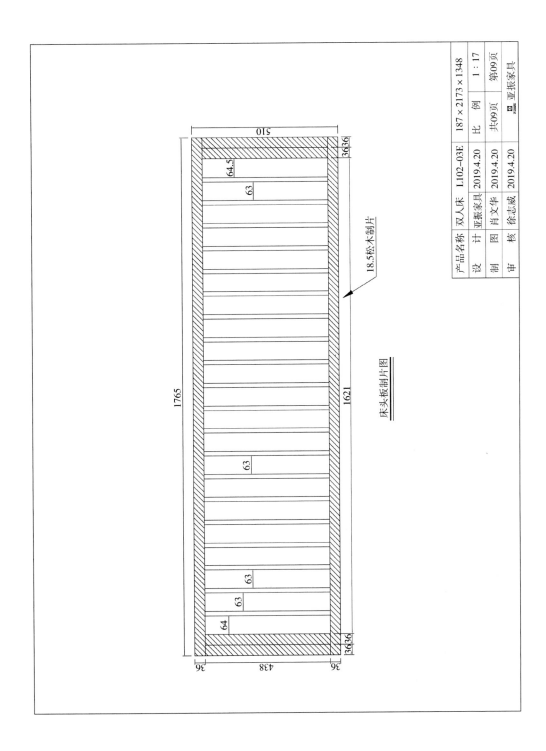

床头板制片图

18.5松木制片

1765
1621
510
3636
3636
36 438 36
64.5
63
63
63
63
64

产品名称	双人床	LJ02-03E	187×2173×1348
设 计	亚振家具	2019.4.20	比 例	1：17
制 图	肖文华	2019.4.20	共09页	第09页
审 核	徐志威	2019.4.20	亚振家具

附录一　AutoCAD 快捷键

AutoCAD 功能键

F1：获取帮助

F2：实现作图窗和文本窗口的切换

F3：控制是否实现对象自动捕捉

F4：数字化仪控制

F5：等轴测平面切换

F6：控制状态行上坐标的显示方式

F7：栅格显示模式控制

F8：正交模式控制

F9：栅格捕捉模式控制

F10：极轴模式控制

F11：对象追踪模式控制

AutoCAD 快捷组合键

Ctrl+A 选择图形中的对象

Ctrl+B 栅格捕捉模式控制（F9）

Ctrl+C 将选择的对象复制到剪切板

Ctrl+F 控制是否实现对象自动捕捉（F3）

Ctrl+G 栅格显示模式控制（F7）

Ctrl+J 重复执行上一步命令（回车）

Ctrl+K 超级链接

Ctrl+L 切换正交模式（F8）

Ctrl+N 新建图形文件

Ctrl+M 打开选项对话框

Ctrl+1 打开特性对话框

Ctrl+2 打开图像资源管理器

Ctrl+6 打开数据库连接管理器

Ctrl+O 打开图像文件

Ctrl+R 在布局视口之间循环

Ctrl+P 打开打印对话框

Ctrl+S 保存文件

Ctrl+U 极轴模式控制（F10）

Ctrl+v 粘贴剪贴板上的内容

Ctrl+W 对象追踪模式控制（F11）

Ctrl+X 剪切所选择的内容

Ctrl+Y 重做

Ctrl+Z 取消前一步的操作

常用命令功能表

序号	命令说明	命　令	快捷键	序号	命令说明	命　令	快捷键
1	直线	LINE	L	26	拉长线段	LENGTHEN	LEN
2	构造线	XLINE	XL	27	修剪	TRIM	TR
3	多线	MLINE	ML	28	延伸实体	EXTEND	EX
4	多段线	PLINE	PL	29	打断线段	BREAK	BR
5	多边形	POLYGON	POL	30	倒角	CHAMFER	CHA
6	矩形	RECTANG	REC	31	倒圆	FILLET	F
7	圆弧	ARC	A	32	分解	EXPLODE	X
8	圆	CIRCLE	C	33	图形界限	LIMITS	LIM
9	样条曲线	SPLINE	SPL	34	建内部图块	BLOCK	B
10	椭圆	ELLIPSE	EL	35	建外部图块	WBLOCK	W
11	插入图块	INSERT	I	36	跨文件复制	COPYCLIP	CTRL+C
12	定义图块	BLOCK	B	37	跨文件粘贴	PASTECLIP	CTRL+V
13	点	POINT	PO	38	线性标注	DIMLINEAR	DLI
14	填充	HATCH	H	39	连续标注	DIMCONTINUE	DCO
15	面域	REGION	REG	40	基线标注	DIMBASELINE	CBA
16	多行文本	MTEXT	MT，T	41	斜线标注	DIMALIGNED	CAL
17	删除实体	ERASE	E	42	半径标注	DIMRADIUS	DRA
18	复制实体	COPY	CO，CP	43	直径标注	DIMDIAMEIER	DDI
19	镜像实体	MIRROR	MI	44	角度标注	DIMANGULAR	DAN
20	偏移实体	OFFSET	O	45	公差	TOLERANCE	TOL
21	图形阵列	ARRAY	AR	46	圆心标注	DIMCENTER	DCE
22	移动实体	MOVE	M	47	引线标注	QLEADER	LE
23	旋转实体	ROTATE	RO	48	快速标注	QDIM	—
24	比例缩放	SCALE	SC	49	标注编辑	DIMEDIT	—
25	拉伸	STRETCH	S	50	标注更新	DIMTEDIT	—

续表

序号	命令说明	命 令	快捷键	序号	命令说明	命 令	快捷键
51	标注设置	DIMSTYLE	D	82	捕捉垂点	PER	PER
52	编辑标注	HATCHEDIT	HE	83	捕捉最近点	NEA	NEA
53	编辑多段线	PEDIT	PE	84	无捕捉	NON	NON
54	编辑曲线	SPLINEDIT	SPE	85	建立用户坐标	UCS	UCS
55	编辑多线	MLEDIT	—	86	打开 UCS 选项	DDUCS	US
56	编辑参照	ATTEDIT	ATE	87	消隐对象	HIDE	HI
57	编辑文字	DDEDIT	ED	88	互交 3D 观察	3DORBIT	3DO
58	图层管理	LAYER	LA	89	三维旋转	ROTATE	RO
59	特性匹配	MATCHPROP	MA	90	三维阵列	3DARRAY	3D
60	属性编辑	PROPERTIES	CH，MO	91	三维镜像	MIRROR3D	—
61	新建文件	NEW	CTRL+N	92	三维对齐	ALIGN	AL
62	打开文件	OPEN	CTRL+O	93	拉伸实体	EXTRUDE	EXT
63	保存文件	SAVE	CTRL+S	94	旋转实体	REVOLVE	REV
64	回退一步	UNDO	U	95	并集实体	UNION	UNI
65	实时平移	PAN	P	96	长方体	BOX	BOX
66	实时缩放	ZOOM+[ ]	Z+[ ]	97	圆柱体	CYLINDER	—
67	窗口缩放	ZOOM+W	Z+W	98	楔体	WEDGE	—
68	恢复视窗	ZOOM+P	Z+P	99	圆锥体	CONE	—
69	计算距离	DIST	DI	100	球体	SPBTRACT	—
70	打印预览	PRINT / PLOT	C+P	101	实体求差	SUBTRACT	SU
71	定距等分	MEASURE	ME	102	交集实体	INTERSECT	IN
72	定数等分	DIVIDE	DIV	103	剖切实体	SLICE	SL
73	对象临时捕捉	TT	TT	104	编辑实体	SOLIDEDIT	—
74	参照捕捉点	FROM	FROM	105	实体体着色	SHADEMODE	SHA
75	捕捉最近端点	ENDP	ENDP	106	设置光源	LIGHT	—
76	捕捉中心点	MID	MID	107	设置场景	SCENE	—
77	捕捉交点	INT	INT	108	设置材质	RMTA	—
78	捕捉外观交点	APPINT	APPINT	109	渲染	RENDER	RR
79	捕捉延长线	EXT	EXT	110	二维厚度	ELEV	—
80	捕捉圆心点	CEN	CEN	111	三维多段线	3DPOLY	3P
81	捕捉象限点	QUA	QUA	112	曲面分段数	SURFTAB（1 或 2）	—

续表

序号	命令说明	命 令	快捷键	序号	命令说明	命 令	快捷键
113	控制填充	FILL	—	127	删没用图层	PURGE	PU
114	重生成	REGEN	RE	128	自定工具栏	TOOLBAR	TO
115	网线密度	ISOLINES	—	129	命名的视图	VIEW	V
116	立体轮廓线	SISPSILH	—	130	创建三维面	3DFACE	3F
117	高亮显被选	HIGHLIGHT	—	131	设计中心	ADCENTER	ADC
118	草图设置	DSETTINGS	—	132	定义属性	ATTDEF	ATT
119	鸟瞰视图	DSVIEWER	AV	133	创建选择集	GROUP	G
120	创建新布局	LAYOUT	LO	134	拼写检查	SPELL	SP
121	设置线型	LINETYPE	LT	135	设置颜色	COLOR	COL
122	线型比例	LTSCALE	LTS	136	文字样式	STYLE	ST
123	加载菜单	MENU	MENU	137	设置单位	UNITS	UN
124	图纸转模型	MSPACE	MS	138	选项设置	OPTIONS	OP
125	模型转图纸	PSPACE	PS	139	退出 AutoCAD	QUIT 或 EXIT	—
126	设自动捕捉	OSNAP	OS	—	—	—	—

Vpoint 下的特殊视点

名称	视点	与 XY 平面的夹角/°	在 XY 平面内的角度/°
仰视图	0, 0, 1	90	270
底视图	0, 0, -1	-90	270
左视图	-1, 0, 0	0	180
右视图	1, 0, 0	0	0
前视图	0, -1, 0	0	270
后视图	0, 1, 0	0	90
西南等轴测视图	-1, 1, 1	45	225
东南等轴测视图	1, -1, 1	45	135
东北等轴测视图	1, 1, 1	45	45
西北等轴测视图	-1, 1, 1	45	135

AutoCAD 中特殊字符的表示

控制代码	结果
%%C	直径（φ）
%%d	角度（°）
%%60	小于号（<）
%%61	等于号（=）
%%62	大于号（>）
%%146	小于等于号（≤）
%%147	大于等于号（≥）
%%p	正负号（±）

附录二　AutoCAD 常见问题及解决办法

本附录列举的是学生经常遇到的问题（"→"符号代表的是下一步操作，在此统一说明，文中不再赘述），现总结如下。

1. 如何修改背景颜色？如何调整十字光标大小？

工具→选项→显示→改变背景颜色/十字光标大小，调整就可以了。

2. 如何修改自动保存时间和默认保存格式？

工具→选项→打开和保存→另存为 2004DWG 格式/修改自动保存时间。

3. 后缀为 .bak 的是什么格式文件？它的用法是什么？

后缀为 .bak 的文件是一种备份文件，一般会自动生成。如果 AutoCAD 的文件遭到破坏或者丢失，但是 .bak 文件还在的话，直接将此文件的后缀名 .bak 改为 .dwg 即可恢复。

4. 在 AutoCAD 软件中如何设置自动保存 .bak 文件？

方法一：工具→选项→打开和保存→每次保存均创建备份。

方法二：命令行输入命令 ISAVEBAK，将 ISAVEBAK 的系统变量修改为 0，系统变量为 1 时，则每次保存都会创建 ".bak" 备份文件。

5. 我的 .dwg 文件损坏了怎么办？

方法一：文件→绘图实用程序→修复→选中要修复的文件即可。

方法二：启用 .bak 文件，直接修改 .bak 文件后缀即可。

6. 我的文件很重要，我想给这个文件添加密码，如何做？

文件另存为→工具→安全选项→在密码的输入框中输入密码并重复确认即可。

7. 如何改变拾取框的大小？

工具→选项→选择→拾取框大小，调整就可以了。

8. 如何改变自动捕捉标记的大小？

工具→选项→草图→自动捕捉标记大小，调整就可以了。

9. 很多参数被调整了，工具栏也都找不到了，我该怎么办？

OP 选项→配置→重置。

10. 保存或者另存为的时候不显示对话框，只显示路径，怎么办？

命令行输入 FILEDIA，根据命令提示输入 1 即可。

11. 图形里的圆形怎么突然变成多边形了？

命令行输入 RE 即可恢复原状。

12. 为什么在机房练习的作业文件到宿舍电脑上打不开？

排除中毒原因后，应考虑版本的原因，AutoCAD 版本只向下兼容，如果在保存的时候选择 2004 或者以下的版本，基本上在任何电脑上都能打开。

13. 在标题栏显示路径不全怎么办？

OP 选项→打开和保存→在标题栏中显示完整路径（勾选）即可。

14. 复制图形粘贴后总是离得很远怎么办？

复制时使用带基点复制：点编辑→带基点复制。

15. 文字输入框没有了怎么办？

打开状态栏上的"DYN"即可。

16. 命令提示行没有了怎么办？

按下 Ctrl+9 组合键即可出现。

17. 绘图区域太小了，我想把所有的工具条全部关掉，怎么办？

按下 Ctrl+0（数字），清除屏幕。

18. 有的衣柜、鞋柜等图纸尺寸标注后面带 EQ 是什么意思？

EQ 代表均分，各段相等。

19. 如何添加自定义填充文件？

将下载的自定义填充文件复制到 AutoCAD 安装文件下的 support 文件夹即可。本书随书附赠的电子文件内就有数百种自定义图案填充文件，大家可以直接复制添加。

20. 为什么有的文件不能显示汉字或者汉字变成了问号？如何添加 AutoCAD 字体？

不能正常显示的原因是对应的字型没有使用汉字字体，或者当前系统中没有汉字字体文件。

将下载的 AutoCAD 字体复制到 AutoCAD 安装文件下的 fonts 文件夹即可。本书随书附赠的电子文件内就有 AutoCAD 字体文件，大家可以直接复制添加。

对于某些符号，如希腊字母等，同样必须使用对应的字体文件，否则会显示"？"。如果找不到错误的字体是什么，重新设置正确字体及大小，重新写一个，输入特性匹配 MA 命令，用新输入的字体去刷错误的字体，也可以看到相应的文字。

21. 图形界限、单位、文字样式、标注样式等每次都要设置吗？

不需要，我们可以创建图形样板文件。图形界限、图层单位、点样式、文本样式、标注样式以及图例、图框等设置好后另存为 DWT 格式（AutoCAD 的模板文件）。在 AutoCAD 安装目录下找到 DWT 模板文件放置的文件夹，把刚才创建的 DWT 文件放进去，以后使用时，新建文档时提示选择模板文件选那个就好了。或者直接把这个文件取名为 acad. dwt（AutoCAD 默认模板），替换默认模板，以后只要打开就可以了。

22. AutoCAD 绘制的图形可以插入 Word 文档吗？怎么操作？

可以。有三种方法：

方法一：文件菜单→输出→AutoCAD 图形以 BMP 或 WMF 等格式输出→将 BMP，WMF 文件插入 Word 文档→裁剪到合适尺寸。

方法二：Ctrl+P 打印→在"打印机/绘图仪"选项的下拉列表中选择"PublishToWeb JPG. pc3"型号→输出的图形文件为"JPG"格式→将 JPG 文件插入 Word 文档→裁剪到合适尺寸。

方法三：AutoCAD 图形背景颜色改成白色→选中 AutoCAD 图形执行 Ctrl+C→在 Word

文档中执行 Ctrl+V 粘贴→裁剪到合适尺寸。

23. 如何降低文件大小？

在图形完稿后，执行清理（PURGE）命令，清理掉多余的数据，如无用的块，没有实体的图层，未用的线型、字体、尺寸样式等，可以有效降低文件大小。一般彻底清理需要 PURGE2~3 次。"–PURGE"，前面加个减号，清理得会更彻底一些。